シリーズ **群集生態学** 6

Community Ecology

新たな保全と管理を考える

大串隆之
近藤倫生
椿　宜高 編

京都大学学術出版会

1997年10月,アメリカ合衆国ボストン市の沖でブリーチングするザトウクジラ(立川賢一撮影).ザトウクジラは南北半球に広く分布し,南極海でも順調に資源が回復し続けていると言われる.(第1章)

大台ヶ原におけるシカの群れ.シカの採食の影響で,林床は丈の低くなったミヤコザサにおおわれており,後継樹はみられない(伊東宏樹撮影,柴田・日野編著『大台ヶ原の自然誌:森の中のシカをめぐる生物間相互作用』東海大学出版会より).(第2章)

大台ヶ原のトウヒ林の変化．1963年（上）にはトウヒがうっそうと茂り，林床はコケにおおわれていたが（菅沼孝之撮影），1997年（下）にはトウヒはすっかり枯れ，林床にはコケに変わりミヤコザサが生えている（近畿地方環境事務所撮影）．（第2章）

水田の生物多様性と種間相互作用の一例．水田の生物多様性の役割を調査している酒田市の有機水田では，多様な生物が生息し，それらは，さまざまな種間相互作用を介して，水田での生物多様性の維持とイネの生育に影響を及ぼしている．たとえば，タニシは，植物性プランクトンや藻類を摂食し①，ヤゴは，動物性プランクトンやイトミミズなどを捕食する②．これらの生物の糞は窒素肥料としてイネの生育に影響を及ぼしていると考えられる．水田雑草のコナギには，アブラムシなどの植食者が生息し③，これは，テントウムシ，クモ，アメンボなどの捕食者群集の形成と維持に重要な役割を果たしている（佐藤智撮影）．（第3章）

小笠原諸島のヤギは戦前に島民の食料として放し飼いされていたが，戦後は野生化し，島の植生に著しい影響を与えた．在来種からなる森林は後退し，外来植物中心の草原が広がった．聟島など著しい場合には表土が流出し，海洋にも悪影響を与えた．現在，ヤギの根絶が進められているが，一部固有植物種の復活とともに，ヤギに抑えられていたギンネムなど別の外来植物の繁茂など予想外の反応も生じている（大河内勇撮影）．（第4章）

北米原産のイグアナ科のトカゲ，グリーンアノールはハワイ，グアム，サイパンなどに侵入したが，小笠原にも1960年頃までには侵入した．グリーンアノールの侵入した父島，母島では，その食害によって，送粉昆虫を含む多くの固有昆虫が激減し，生態系への影響が心配されている（大河内勇撮影）．（第4章）

畦畔などで集めた巣材をくわえて，ふ化して間もないヒナがいる人工巣塔に運ぶコウノトリ．冬期湛水や減・無農薬栽培などを取り入れた「コウノトリ育む農法」が行われている周辺の水田には水が張られ田植えがはじまっている．（池田啓撮影）（第5章）

水田地帯に設置した人工巣塔の上でふ化した3羽のコウノトリのヒナと親鳥．ふ化してから巣立ちするまでの約2か月間は，親鳥が交代で給餌してヒナを育てる．（内藤和明撮影）（第5章）

はじめに

　広辞苑によれば,「管理」とは「管轄し処理すること」とある．もう少し言葉をたすと,「一定の目的を効果的に実現するために, 人的・物的諸要素を適切に結合し, 全体を統制すること」であろう．一方,「保全」とは「保護して安全にすること」とある．この定義によると,「保全」は「管理」の概念の中に含まれる行為になるので, 厳密にいえば, 本巻のタイトルは同義語を繰り返していることになる．しかし, 管理の語は, 害虫や有害鳥獣を防除するという場面でよく使われてきた経緯から, 多すぎる個体数を制御する意味あいが強い．一方, 保全には, 絶滅危惧種の数の減少をくい止める, あるいは減少した個体群を回復するという意味あいが強い．そこで, あえて「保全と管理」を並列することにした．

　保全生態学は, 動植物を含む野生生物の種を絶滅から救うために生まれた．絶滅をもたらす要因を特定し, それを取り除く手法を探すのがそのおもな目的である．たとえば, 集団サイズが小さくなると遺伝変異が減少して適応度が下がるので, 集団間の交配を高めるような構造をもつ生息地を設計する．森林の大規模な伐採が個体数の減少の原因ならば, 集団を長期的に維持できる森林面積を推定する．このような発想で保全生態学は生まれたのであるが, 最近まで, 生物の絶滅が問題視されていたのは, もっぱら倫理的観点と経済的観点からであった．前者は, 地球上の生物という遺産を守らなければならないという人類の責任論で, 後者は医薬品や食料など経済的に価値のある財が失われる可能性からの議論である．しかし, このような価値論をつき詰めると, 絶滅に瀕した種だけに注目が集まり, 経済的に評価できない生物種を軽視してしまうことになる．このような価値論のもとでは, 生物種が単独で存在しているかのような錯覚に陥りやすい．ようやく近年になって, 生物間相互作用が生み出す生態系サービスという観点からの評価が注目されるようになり, 保全生態学にも生物群集の観点を導入した新たな試みがはじまっている．

　害虫や有害鳥獣の管理も, 標的とする生物種を減らすための手法開発が出

発点であった．殺虫剤の使用は，戦後の食料増産に大きく貢献してきたが，同時に，人体への影響・野生生物への影響・抵抗性の発達・防除コストの高騰など，さまざまな問題を引き起してきた．また，有害鳥獣については，捕獲圧のコントロールによる管理が主体であったが，狩猟人口の減少や鳥獣保護政策とのバランスもあって，捕獲による管理はますます困難になっている．これからは，生物の力を借りなければ，つまり，生物間相互作用のネットワークをうまく活用しなければ，効果的な管理は望めないのではなかろうか．

　原始時代から，人類は，生活の糧のほとんどを生物から得てきた．衣食住だけでなく，大気中の酸素も，清浄な淡水も生物多様性からの恵みである．文明が発達した現代でも，この依存関係はまったく変わっていない．変わった点は，生物資源をあっという間に使い果たしてしまう力を，われわれ人間が身につけてしまったことである．人間による負の影響を制御しながら自然を適切に管理しなければ，人類は近い将来に重大な危機にさらされることになる．生物多様性は，将来世代も引き続きその恩恵にあずかれるように，上手に使わなければならない．

　本書の目的は，生物多様性の持続的な利用を前提として，その管理手法の開発に挑戦している研究や事業を紹介することにある．各章に共通する視点は，生物資源の保全，生態系の管理，害虫防除などへの，種間相互作用の適切な活用である．

　第1章（松田・森）では，漁業管理における群集生態学的な視点の発展を紹介する．これまでの水産資源管理は，単一魚種の個体群動態モデルに基づく個体群管理が中心であった．しかし，近年は複数種の個体群動態を考慮に入れた漁業管理が注目されはじめている．水産資源の多くは他の水産資源または非利用生物種との種間相互作用によって再生産力が左右されているという知見が蓄積されてきたからである．このことは，生物資源を持続的に利用するためには，種間の相互作用を考慮に入れる必要があることを意味している．この章では，まず，単一魚種の個体群動態モデルに基づく，古典的な最大持続生産量理論の限界について述べる．つぎに，複数種の個体群動態を考慮に入れた生態系モデルの紹介を行う．最後に，詳細な群集構造の情報がな

くても行える，複数種あるいは海域の管理手法を紹介し，これからの漁業管理を展望する．

　第2章（日野）はわが国の森林生態系の衰退を見据え，その管理と再生についての大胆な提案を行う．わが国では，約半世紀前に各地の天然林がスギやヒノキの人工林につぎつぎと作りかえられてきた．この大規模造林をきっかけに爆発的に増えたシカは，人工林に被害をもたらしたばかりでなく奥山の自然林の植生をも衰退させている．さらに，昔から炭や薪として利用されてきた里山林も放置され，マツ枯れやナラ枯れの発生と蔓延の原因となっている．その一方で，森林の健全性，生産力の維持，生物多様性の保全を目指す「持続的な森林生態系管理」が重要視されるようになってきた．本章では，種多様性の動態の平衡モデルを用いて，森林のゾーニングと管理方法，種間相互作用を利用した森林の管理と再生について議論し，生物群集の視点から，持続的な森林管理へのアプローチを提案する．

　第3章（安田）は，天敵の有効な利用に基づく害虫管理体系の提案である．近代農業は，化学肥料や化学農薬，石油資源などに大きく依存しているが，殺虫剤抵抗性，農薬残留，野生生物の減少，コストの高騰などの問題も生じている．今後の農業は，農薬や石油資源への依存度を低くした，低投入持続型農業が必要となる．そのために，種間相互作用を利用した害虫管理技術の確立が期待されている．本章の目的は，種間相互作用をはじめとする群集生態学の基本的な考え方が，農業技術の発展にどう貢献できるのかを示すことにある．害虫と複数天敵の種間相互作用，および作物-害虫-天敵の相互作用に関するこれまでの知見を紹介し，種間相互作用を利用した害虫管理について考える．

　第4章（大河内・牧野）では，侵略的な外来種の駆除事業を紹介する．現在，わが国には1000種を超える外来種がすでに定着しており，繁殖も確認されている．なかでも，生態系や生物多様性を脅かす侵略的外来種の問題が注目されている．平成16（2004）年に制定された外来生物法によって，侵略的外来種は駆除の対象となったが，すでに定着している種の駆除や個体数の制御は困難をきわめている．その一つの原因は，外来種を単にある生物の個体群と見なし，その対策だけを講じていることにある．外来種の駆除や個体

数の制御を成功に導くためには，複数の生物が絡みあう生物間相互作用の理解とその利用がぜひ必要である．その一例として，外来種の影響が著しい小笠原諸島などではじまっている，生物間相互作用を利用した駆除事業を紹介する．

第5章（内藤・池田）では，コウノトリの野生復帰を旗印にした農業生態系の修復事業を紹介する．環境修復によって生物多様性を回復させる手法の一つに，アンブレラ種を指標にした地域全体の生物群集の復元を目指す手法がある．コウノトリの野生復帰事業では，その生息地である二次的自然に，多様な餌生物を含む生物群集を復元するという環境修復が進められてきた．人が居住する地域においては，一たび破壊された群集構造を復元することは容易ではない．生態学的なアプローチに加えて，さらに地域社会との折り合いなど社会的合意の形成も重要となる．自然と人間の総合的な視点を基に，不確実性を念頭に置いた順応的管理の例を示す．

コラム（近藤）では，環境改変がもたらす絶滅連鎖について解説する．生物群集は，多くの生物種が種間相互作用によってつながったネットワークである．そのため，ある生物種の絶滅は種間相互作用のリンクをとおして，つぎつぎと他の種へと伝播する可能性がある．これを生物保全の観点から考えるために，①注目する生物種が一次絶滅で失われたとき，それが群集全体にどのように伝播するか．②注目する生物種が二次絶滅で失われる可能性は，一次絶滅の規模や生じ方とどのように関連するか，という二つの問いかけによって論点を整理する．

最後に，終章では，各章の内容をもとに，生物群集の保全や管理の意義と課題について検討し，これからの研究の方向性を提案する．

本巻に寄せられた各原稿は，複数の査読者によるコメントを参考にして，内容の改善を図った．校閲は本巻の編集者および執筆者のほかに，上田哲行，山村則男，箱山洋，三浦慎吾，永田尚志，高村典子，五箇公一，藤岡正博，中井克樹，直江将司，倉地耕平，林珠乃，藤木泰斗，竹本裕之，大石麻美子の各氏に依頼した．ここに厚くお礼申し上げる．また，本巻の刊行にあたっては，京都大学学術出版会の高垣重和氏と桃夭舎の高瀬桃子氏に一方ならぬ

はじめに

ご支援とご協力をいただいた．心からお礼申し上げる．

2009 年 8 月

椿　宜高・近藤倫生・大串隆之

目　次

口絵　　i
はじめに　　v

第1章　個体群から群集へ
新たな漁業管理の視点　　　　　　　　松田裕之・森　光代　1

1　漁業管理の古典理論とその限界　　2
　(1)　最大持続収穫量（MSY）理論　　2
　(2)　MSY 理論への批判　　3
　(3)　被食者捕食者系の環境収容力と再生産力　　6
　(4)　多魚種系の最大持続生産量　　8
2　生態系を考慮した漁業管理
　　──生態系アプローチ　　9
　(1)　生態系を考慮した漁業管理とは何か　　9
　(2)　鯨類をめぐる生態系アプローチ──全生態系モデルと多種動態モデル　　13
　(3)　鯨類などにおける生態系管理の試み　　16
　(4)　生態系管理の今後の展望　　18
3　多魚種管理の新たな理論　　21
　(1)　変動する海洋生態系に適した生態系管理とは？　　21
　(2)　海洋保護区　　22
　(3)　スイッチング漁獲　　24

第2章　森林の管理と再生
生物群集の考え方から　　　　　　　　日野輝明　27

1　はじめに　　28
2　樹種多様性を考慮した森林のゾーニング　　29

(1) 土地生産力と土地安定性に基づく森林のゾーニング　29
   (2) Huston の種多様性の動態平衡モデル　30
   (3) 動態平衡モデルに基づく森林の分類　34
   (4) 動態平衡モデルに基づくゾーニング　36

3　生物多様性を考慮した森林管理　38
   (1) 階層構造の多様化　38
   (2) 種組成の多様化　40
   (3) 林分配置の多様化　41
   (4) 自然攪乱を模倣した森林管理　43

4　生物間相互作用を利用した森林管理　44
   (1) 草食獣の採食による下刈り　44
   (2) 共生微生物による定着・生育促進　48

5　シカとササの相互作用の動態に基づく森林生態系管理　51
   (1) シカとササの相互作用の動態　51
   (2) シカとササの相互作用に基づく森林再生　55
   (3) シカとササの相互作用と動物群集　58

6　おわりに　61

第3章　害虫管理の新展開
群集生態学の視点から　　　　　　安田弘法　63

1　はじめに　64
2　第2次世界大戦以降の害虫防除　65
   (1) 農薬万能時代と農薬により生じた問題　66
   (2) 総合的害虫管理　66

3　害虫と天敵の相互作用　69
   (1) 天敵の食性とギルド内捕食　69
   (2) 天敵の種数と害虫の抑制効果　70
   (3) 天敵を介した害虫間の見かけの競争　75

4　作物と害虫と天敵の相互作用　77
   (1) 天敵から作物への間接効果　78
   (2) 作物と害虫と天敵の間接相互作用網　80

(3) 作物の揮発物質を介した害虫と天敵の相互作用　81
　　(4) 作物・害虫・天敵の相互作用における土壌微生物の役割　84
5　害虫管理への新たな提言　87
6　今後の課題と展望　89
　　(1) 生物多様性の役割　90
　　(2) 群集生態学と応用生態学の連携　93

第4章　外来種問題と生物群集の保全　　大河内勇・牧野俊一　95

1　はじめに　96
2　外来種はいかに群集に定着するか
　　──おもに種間競争と天敵から　98
　　(1) 種間競争　99
　　(2) 天敵　102
3　見えない外来種にどう対応するか
　　──マツ材線虫病を例として　104
　　(1) 病原微生物の侵入　104
　　(2) 外来種としてのマツノザイセンチュウ　105
　　(3) マツ材線虫病の感染メカニズム　105
　　(4) 宿主転換によるマツノザイセンチュウの繁栄　107
　　(5) マツ材線虫病の根絶　109
4　送粉共生系への外来種の影響　110
　　(1) 外来ハナバチがもたらす影響　110
　　(2) 小笠原の送粉系に起きている変化　115
5　小笠原に侵入した外来種の制御を目的とした群集理論の適用　117
　　(1) 小笠原の外来種　117
　　(2) 外来種が更なる外来種の侵入を促進する　117
　　(3) 小笠原における外来種の制御が群集に及ぼす影響　120
　　(4) 外来種対策をどう進めるべきか　123
6　おわりに　126

第5章　農業生態系の修復
　　　コウノトリの野生復帰を旗印に　　　　　内藤和明・池田　啓　129

1　はじめに　130
2　生物多様性と群集の安定性　130
　（1）ミレニアム生態系評価と生態系サービス　130
　（2）生物多様性が群集の安定を促進する　131
　（3）里地・里山の生物多様性の危機　132
3　コウノトリを核にした食物網の復元　133
　（1）自然再生事業と生物群集の再生　133
　（2）コウノトリを核にした自然再生　135
　（3）水田生態系の現状と改善の方策　138
　（4）「コウノトリ育む農法」の広がり　140
　（5）冬期湛水と水田の生物群集　141
　（6）減農薬・無農薬と生物多様性　142
　（7）中干し延期によるカエル類の増加　143
　（8）一時的水域の役割 ── 水田と河川　144
　（9）小規模水田魚道の設置　145
　（10）河川改修による浅場創出　147
4　生物群集の視点に立った環境修復　149
　（1）法律の改正や組織の再編が後押しした自然再生　149
　（2）社会的合意の重要性　150
　（3）実践的な研究の蓄積と順応的管理　151
　（4）修復目標を明らかにする　152
　（5）食物網の全体像は複雑　154
　（6）生息地の構造変化が群集の変化をうながす　155
　（7）昔の生物群集に戻せばよいとは限らない　156
　（8）環境修復における群集生態学の重要性　157
　（9）地域の環境保全学としての自然再生　158

目　次

コラム　　絶滅の連鎖が起こるとき
　　　　　　群集ネットワークを保全する　　　　　　近藤倫生　　159

1　連鎖絶滅と生物群集の保全　160
2　生物群集の脆弱性を評価する　162
3　生物群集のアキレス腱を見つける　166
4　さらなる理解に向けて　168

終　章　応用群集生態学への展望
　　　　　　　　　　椿　宜高・大串隆之・近藤倫生　　173

1　生物群集が提供する生態系サービス　176
2　生物群集といかにつきあうか　178
3　新たな応用群集生態学の課題　181

引用文献　185

索　　引　209

第 1 章

個体群から群集へ
新たな漁業管理の視点

松田裕之・森　光代

Key Word

生態系を考慮した漁業管理　海洋保護区　最大持続収穫量
生態系アプローチ　生態系モデル

　これまでの水産資源管理は，漁業の対象となる単一魚種の個体群動態モデルに基づく個体群管理が中心であった．しかし，近年は複数種の個体群動態を考慮に入れた漁業管理が注目を集めている．水産資源の多くは他の水産資源や利用の対象にならない生物種との種間相互作用によって再生産力が左右されており，資源を持続的に利用していくためには，種間の相互作用を考慮しなければならないためである．これらの問題を受けて，海洋保護区を用いた生態系管理や，生物群集の動態モデルに基づく多魚種の資源管理も提案されている．本章では，第1節で単一魚種の個体群動態モデルに基づく古典的な最大持続収穫量理論の限界とその理由について紹介し，第2節では複数種の個体群動態を考慮に入れた生態系モデルの紹介を行う．最後の第3節では，複数種あるいは海域の管理を行う具体的な手段を紹介し，今後の漁業管理に関する展望を述べる．

1 漁業管理の古典理論とその限界

(1) 最大持続収穫量（MSY）理論

漁業はかつて水圏の野生生物資源を利用する産業であった．だが，最近は養殖のように人間が育てた生物資源を利用することが増え，「獲る漁業」と「育てる漁業」とを合わせて水産業とよぶ．漁業の起源は農業より古く，狩猟採集漁労は有史以前から行われてきた．一定の収穫量が持続的に得られるかどうかは生物資源の再生産力に依存するため，乱獲によって資源が減ることは古代から知られていた．日本書紀に「禁断漁猟於摂津国武庫海一千歩内」として，689年頃に尼崎市の武庫川河口に禁漁区が設けられていた記録があるという（加々美康彦 私信）．持続可能性の確保は，漁業にとって長年の課題である．しかし，近代における漁業の技術革新は必ずしも持続可能性を視野に入れたものではなかった．小型魚や偶発的な捕獲（混獲）を防ぐための選択性の高い漁具の開発などが進められたものの，近視眼的な漁獲量の増大やマグロの畜養技術など高い付加価値を目指す技術革新がほとんどであった．たとえば，少ない資源を効率的に発見するための魚群探知技術の開発や漁船の大規模化などが発展してきた．

持続可能な漁業の古典的理論は，利用する生物種を対象とする単一種の動態モデルで表現される．時刻 t における対象生物種の資源量を $N(t)$ とするとき，その動態は，

$$dN/dt = (r - aN)N - fN \tag{1}$$

で表される．ただし r はその生物の内的自然増加率，a は密度効果の強さを表す係数，f は漁獲率を表し，単位時間あたりの漁獲量 Y は fN になると仮定する．この生物資源の定常状態 N^* は $dN/dt = 0$ を解いて得られ，$N^* = (r-f)/a$ である．また，定常状態における単位時間あたりの漁獲量 Y^* は $fN^* = f(r-f)/a$ と，漁獲率 f に関する2次式になる（図1）．ただし，この数理モデルでは，漁獲率 f が内的自然増加率 r を上回ると，生物資源が存続す

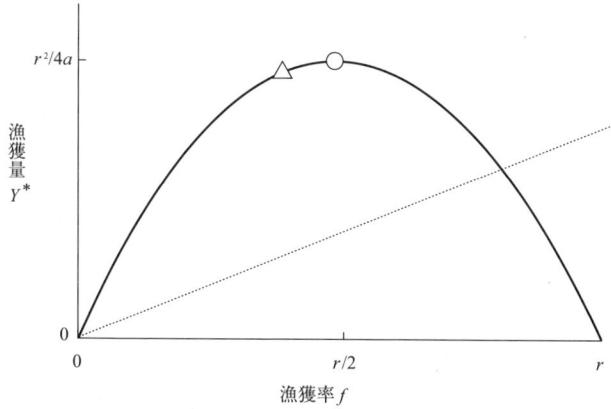

図1 漁獲率と漁獲量の関係.
漁獲率が大きすぎても小さすぎても漁獲量（太線）は小さく，中庸の漁獲率で最大の漁獲量（MSY，図の○）が得られる．漁業の費用（点線）を考慮し，純益を最大にする状態（MEY，図の△）はMSYより低い漁獲率で達成される．

る定常状態はなく，資源はいずれ絶滅する．

式(1)は単純だが，古典的な資源管理理論の特徴をよく表している．漁獲率 f が高いほど定常資源量 N^* は減る．資源量がいくら多く維持されても，利用しなければ漁獲量は少ない．漁獲率を高くすると，資源が減ってしまうのでやはり漁獲量は少なくなる．したがって，定常状態での漁獲量を最大にするのは，漁獲率 f が中くらいの場合である．式(1)の場合には，$f=r/2$ のときに漁獲量が最大になり，そのときの単位時間あたりの漁獲量は $Y^* = r^2/4a$ である．定常状態において得られる漁獲量の最大値を最大持続収穫量（MSY: Maximum Sustainable Yield）という．これよりも漁獲率を高くすると定常状態での漁獲量は下がる．この状態を生物学的乱獲とよぶ．

(2) MSY理論への批判

漁業行為は費用をともなう．その費用 C が漁獲率に比例する（$C=cf$，ただし c は単位漁獲率あたりの費用とする）なら，費用は図1の点線のようになる．このとき，漁業の純益は $Y^* - cf = f(r-f)/a - cf$ と表される．これも，1(1)節で紹介した漁業行為に費用がともなわない場合と同様に f の2次式だが，漁業純益の最大値は漁獲率が $f=(r-ac)/2$ の場合に達成され，これはMSY

を達成する漁獲率より小さくなる．これを最大経済収穫量（MEY: maximum economic yield）という．MEY が達成されるより漁獲率が高い場合を経済的乱獲とよぶが，技術革新により単位漁獲率あたりの費用 c が下がれば MEY は MSY に近づく．しかし，いくら技術が進んでも，MSY より漁獲率が高い場合は乱獲であることに変わりはない．

だが，MSY よりも漁獲率を高くする乱獲状態は現代の漁業でも実際に起こりうる．古典的な水産資源学では，乱獲を誘発する要因が二つ挙げられている（クラーク 1988）．一つは，将来の収穫に対する経済的割引であり，もう一つは，共有地の悲劇である．

将来の漁獲による利益は，現在すぐに得られる利益に比べて割り引いて評価される．したがって，持続可能な漁業では将来にわたる漁獲量の単純な総和は無限大になるが，割引率を考慮した現在価値は有限である．各年の漁獲量を Y，割引率を δ とすると，その漁業から将来にわたって得られる現在価値の総和 Ψ は，以下の式で表される．

$$\Psi = \sum (1-\delta)^t Y = Y/\delta \tag{2}$$

割引率は，実質経済成長率などから算出される．現在では 3% 程度と考えられている．たとえば，南半球のクロミンククジラを 76 万頭捕獲し，別の産業に投資する場合について考えよう．投資によって，平均して経済成長率だけの利益が得られるとすれば，毎年 2 万頭分の「利潤」が得られる．ところが，国際捕鯨委員会（IWC）の科学委員会で合意した持続可能な捕獲枠は 2000 頭である．毎年 2000 頭捕獲したときの現在価値の総和は，式（2）より 2000 ÷ 0.03 で 6.7 万頭程度であり，76 万頭より一桁少ない．したがってこのクロミンククジラの例においては，持続可能な漁業をつづけるよりも，乱獲して別の産業に転換する方が得ということになる．実際に，日本の捕鯨産業は乱獲ののち，水産加工業や養殖業など他の産業に転換してしまった．

共有地の悲劇とは，1 漁業者だけで漁獲すると持続可能に利用できる場合でも，複数の漁業者が利用するときには抜け駆けした方が得をするために，乱獲に陥るというものである．式（1）を拡張して漁業者 1 と 2 を考え，それぞれの漁獲率を f_1 と f_2 とすれば，資源動態は

$$dN/dt = (r - aN)N - f_1 N - f_2 N \tag{3}$$

で表される．両者の漁獲量 Y_1 と Y_2 は，それぞれ $f_1 N$ と $f_2 N$ である．定常状態は $N = (r - f_1 - f_2)/a$ であるから，

$$Y_i = f_i(r - f_1 - f_2)/a \tag{4}$$

となる．漁獲量は自分の漁獲率だけでなく，相手の漁獲率にも左右される．これをゲームの状況という．両者が協力すれば，$f_1 = f_2 = r/4$ として MSY を実現し，漁獲量を両者で山分けできる．しかし，この状況で一方が漁獲率を上げると漁獲量は増え，その結果，資源量は減ってしまう．これは両者が協力しない状況では，MSY はゲームの解とはならないことを表している．非協力ゲームの解は，一方だけが手を変えても，変えた方が得をしない状況と定義される．これをナッシュ解といい，$\partial Y_1/\partial f_1 = 0$ かつ $\partial Y_2/\partial f_2 = 0$ を満たす．上記の例では $\partial Y_i/\partial f_i = (r - 2f_i - f_j)/a = 0$ より $f_1 = f_2 = r/3$，$Y_1 = Y_2 = ar^2/9$ であり，両漁業者の漁獲量の和は $2ar^2/9$ であり，MSY の $ar^2/4$ より少ない．さらに，漁業者が n 人いるとき，ナッシュ解は $f_i = r/(n+1)$，定常資源量 $N = r/(n+1)a$，$\sum Y_i = nar^2/(n+1)^2$ となる．n が無限大なら資源は限りなく枯渇する．これを共有地の悲劇という（松田 2004）．

　近年では，これら割引率や共有地の悲劇によって持続可能な漁業は成功しないという批判に加えて，式（1）のような単一種の資源動態モデルを用いること自体に対する批判もある（松田 2004）．第一に，MSY を求めるには式（1）で表された資源量と再生産力の関係を知らねばならない．水産資源についてはさまざまな魚種でこの推定を行っているが，非常に誤差が大きい．なぜなら，多くの海洋生物の初期生存率は海況により大きく変動するため，密度効果が検出しにくいためである．第二に，多くの海洋生物資源について，再生産力は式（1）のように資源量だけで決まるものではなく，海洋環境の変化によって大きく異なる．そして第三に，水産資源の多くは他の水産資源や利用の対象にならない生物種との種間相互作用によって再生産力が左右されている．たとえば，マイワシとクロマグロの持続可能な利用を考える際に，マイワシの漁獲量によってクロマグロの MSY は異なり，その逆も成りたつこと

が予想される．したがって，式 (1) のような単一種の資源動態モデルでは漁業資源の持続可能な有効利用を考えることができない．以下では，本書のテーマの一つである種間相互作用の効果を紹介する．

(3) 被食者捕食者系の環境収容力と再生産力

種間相互作用が存在するとき，MSF の理論は成り立たなくなる．まず，最も単純な多種系として，以下のような被食者と捕食者の関係にある 2 魚種の数理モデルを考える．

$$dN_1/dt = (r - aN_1 - bN_2 - f)N_1$$
$$dN_2/dt = (-d + ebN_1 - g)N_2 \qquad (5)$$

ただし N_1 と N_2 はそれぞれ被食者と捕食者の資源量，r は被食者の内的自然増加率，a は密度効果の強さ，b は捕食係数，d は捕食者の死亡率，e は被食者から捕食者への転換効率，f と g はそれぞれ被食者と捕食者に対する漁獲圧を表す．また，総漁獲高 Y を $Y = fp_1N_1 + gp_2N_2$ と表すことにしよう．ここで p_1 と p_2 はそれぞれ被食者と捕食者の単位重量あたりの魚価である．漁獲費用は無視する．水産学では，漁獲量 (catch amount) は重量で，漁獲高 (yield) は金額で評価する．単一種で魚価が一定ならば，漁獲量と漁獲高は比例する．被食者と捕食者では，しばしば捕食者の方が魚価は高い．一種だけで単位重量あたりの魚価が一定なら漁獲量だけで議論できるが，多種からの経済的利益を議論する場合には，各魚種の魚価を考慮した総漁獲高を評価する必要がある．

この数理モデルは，$dN_1/dt = dN_2/dt = 0$ を満たす定常状態 (N_1, N_2) が 3 通りある．2 種とも絶滅する場合 $(N_1 = N_2 = 0)$，捕食者だけが絶滅する場合 $(N_1 > 0, N_2 = 0)$，両者が共存する場合 $(N_1 > 0, N_2 > 0)$ である．

まず，被食者への漁獲率 f をある値に固定し，捕食者の漁獲率 g を調節して持続可能な漁獲量を最大にする解を考える．共存定常状態は $(N_1, N_2) = ((d+g)/be, (ber - ad - ag - bef)/b^2e)$ となり，定常状態での漁獲量は $gp_2N_2 = gp_2(ber - ad - ag - bef)/b^2e$ である．これは捕食者への漁獲率 g の二次関数であり，$g = (ber - bef - ad)/2a$ のとき最大となる．

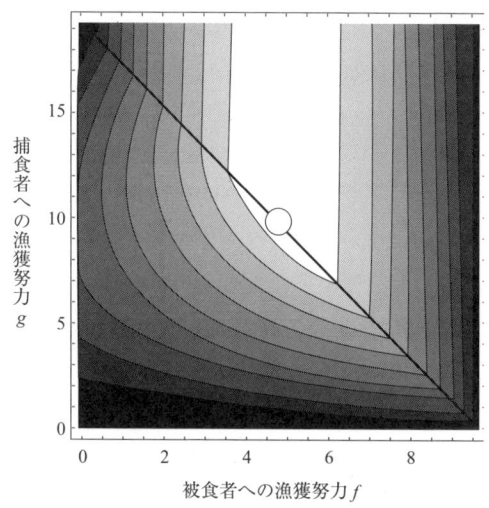

図2 被食者と捕食者を利用する場合の定常状態における総漁獲高.
$(a, b, d, e, p_1, p_2, r) = (0.1, 1, 0.5, 0.2, 1, 2, 10)$ とした場合.

捕食者の定常資源量 $(ber - ad - ag - bef)/b^2 e$ は分子が正のときのみ存在し，被食者や捕食者の漁獲率が高すぎると捕食者は絶滅する．捕食者の環境収容力は，捕食者への漁業がないときの定常資源量と解釈できるが，これは被食者への漁獲率 f に左右される．逆に，被食者の環境収容力は捕食者への漁獲率 g に左右される．つまり，多種系の場合には環境収容力の概念がうまく適用できず，環境収容力は他種への漁獲率に依存する．環境収容力は，式 (1) のような単一種モデルでは明確に定義されるが，多種系において有効な概念かどうかは疑問である（松田 2004）．このため，次節で論じるような生態系アプローチの必要性が広く認められるようになった．

MSY の概念も同様である．すなわち，捕食者の定常状態での漁獲量を最大にする解（捕食者の MSY）は被食者の漁獲率に左右され，また，被食者の MSY は捕食者の漁獲率に左右される．

それぞれの種ごとの漁獲量を最大化するのではなく，定常状態における総漁獲高を最大にする漁獲方針 (f, g) を考えよう．図 2 は，(f, g) を適宜与えたときの定常状態における漁獲高の等高線図である．式 (5) の例では，総漁獲高が最大になる解は 2 種類あり，①被食者をまったく獲らずに捕食者だ

けを獲る（$f=0, g>0$）か，②捕食者を根絶して被食者だけを獲る（$f>0, N_2=0$，図2の白丸）か，のどちらかである．$N_2=0$とするためには，$dN_2/dt≦0$となるよう $g=(ber-ad-bef)/a$ とする．これが図2の (f, g) が $(0, 15)$ から $(10, 0)$ を結ぶ斜辺である．

　この数理モデルでは，異なる栄養段階の魚種を両方獲る漁獲高が最大になることはない（クラーク 1988）．白丸は，捕食者を獲りつくして被食者だけを持続的に獲りつづける場合である．捕食者だけを獲るのが最適か，捕食者を獲りつくして被食者だけを獲るのが最適かは，被食者と捕食者の魚価の比 p_2/p_1 と転換効率 e にもよる．

　1995年の食料安全保障のための漁業の持続的貢献に関する京都宣言および行動計画（日本政府主催，FAO協賛）によれば，「適当な場合には，食物連鎖の中の異なる段階の生物をどちらも漁獲」すべきである（松田 2000 も参照）．しかし，ここに示したように，被食者と捕食者からなる2種系においては，総漁獲高を最大にする解は，両種を同時に利用することにはならない．

(4) 多魚種系の最大持続生産量

　2種系だけでなく多種系においても，単一種を想定したMSY理論は成り立たない．多様な栄養段階の魚種を利用する条件を数学的に検討するために，Matsuda and Abrams（2006）は，以下のような s 種からなる被食者・捕食者系を考えた．

$$\frac{dN_i}{dt} = \left(r_i - \sum_{j=1}^{s} a_{ij} N_j - q_i E_i \right) N_i \tag{6}$$

ただし N_i は種 i の資源量，r_i と a_{ij} は内的自然増加率と種間競争係数，q_i と E_i は種 i の漁獲効率と漁獲努力量を表す．平衡状態 N_i^* は式（6）の右辺のカッコ内または N_i を0とする連立方程式の解である．全漁獲高 Y は p_i を魚価として

$$Y = \sum_{i=1}^{s} q_i p_i E_i N_i^* \tag{7}$$

で表される．これを最大にする各種への漁獲努力量 E_i のときの全漁獲高 Y を多魚種MSYとよぶ．6種系を考え，パラメータの値をランダムに選び，

漁獲がない状態で共存平衡点がある仮想生態系の 1000 例について考え，それぞれの多魚種 MSY を求めた．その結果，多魚種 MSY においては，3 割近くの例において 3 種以上が絶滅し，6 種すべてが存続した例はわずか 1% でしかなかった．また，最上位捕食者は絶滅するか漁獲対象となるかのいずれかであり，禁漁の対象となり，かつ存続するような解はない．さらに，存続するすべての種を利用することで全漁獲高が最大になることはなかった（Matsuda and Abrams 2006; 松田 2006）．

多魚種系の持続的利用が種の存続を保証しないという結果は，持続的利用には種の存続が必要不可欠であった単一種の MSY 理論とは大きく異なる．この違いが生じた理由は少なくとも二つあるだろう．第一に，ある種が絶滅したとしても他の種を利用すれば漁獲量を維持できるため，種の絶滅が必ずしも漁獲量の低下に結びつかないこと．第二に，直接には漁獲されなかったとしても，他の生物種の漁獲の間接的な影響を受けて，絶滅にいたる可能性があることである．

2 種系と多種系のいずれの場合の議論からもわかるのは，種間相互作用を考慮した場合，単一種を想定した MSY 理論は成り立たないということである．とくに重要なのは，MSY 理論と生物多様性の保全は，単一理論が示すほどには両立しないということだろう．それは，すべての魚種を利用することで総漁獲高が最大になるとは限らないし，また，利用しない種の存続を保証するともいえないからである．したがって，生物多様性の保全と持続可能な資源利用とは別の原理であり，生物多様性を保全するためには，持続可能な資源利用とは独立した観点から生態系管理の目標や評価基準を設定しなければならない．これが次節で述べる生態系を考慮した漁業管理である．

2 生態系を考慮した漁業管理
—— 生態系アプローチ

(1) 生態系を考慮した漁業管理とは何か

前節で述べたように，多くの水産資源の再生産力は他の水産資源や利用の

対象にならない生物種との種間相互作用によって左右される．たとえば，サンマを餌とするミンククジラのMSYは，餌であるサンマの漁獲圧によっても左右されることが予想される．したがって，サンマとミンククジラを持続的に利用する方法を探るためには，両者の相互作用を考慮に入れなくてはならない．実際には再生産力が種間相互作用の影響を受けて決まるにもかかわらず，単一種のモデルを利用して漁業管理を行うと，思いもよらぬ失敗を招く可能性がある．たとえば，Walters et al.（2005）は，いくつかの生態系において，高次捕食者のMSYは単一種の資源動態モデルよりも複数種の資源動態モデルの方が低く，低次捕食者に関してはその逆が成りたつことを示した．このような場合，単一種の資源動態モデルから計算されたMSYを用いた漁業管理は高次捕食者の乱獲を招き，生態系のバランスを崩すことになる．

　種間相互作用を考慮する必要が生じるのは，実際に漁業資源として利用される生物種にとどまらない．近年では，漁業が漁獲対象種以外の種や生態系に与える影響が問題となっている．たとえば，マグロ延縄漁による海亀類の混獲や（FAO 2004），深海トロール漁業による珊瑚礁の破壊などである（Jones 1992）．またケニアではモンガラカワハギの漁獲により餌であるウニの個体数が増加し，ウニの生息地である岩礁が破壊されたという例もある（McClanahan and Muthiga 1988）．このように，漁業は大なり小なり漁獲対象種以外の種や生態系にも影響を与えている．生態系全体を持続的に利用するためには，種の相互作用を考慮した複数種モデルあるいは生態系モデルを利用することで，漁業が他種へ及ぼす影響を評価することが必要となってくる．

　2003年に国連食糧農業機関（FAO）によりまとめられた，生態系を考慮した漁業管理を実施するうえでのガイドライン（FAO 2003）は「生態系を考慮した漁業管理」（EBFM: ecosystem-based fisheries management）または「漁業の生態系アプローチ」（EAF: Ecosystem Approach to Fisheries）を次のように定義している：

　　生態系における生物的・非生物的なものに関する知識や不確実性，それらの相互作用を考慮して，生態学的に意味のある境界（引用者注：生物群集の分布域や遺伝的な分化などを考慮した境界）の中で，漁業に対して統合的

なアプローチを取るものであり，それによって多様な社会的要求のバランスをとろうと努めるもの．

このような生態系を意識した漁業管理を行ううえで，複数種の資源動態モデルと生態系モデルは重要な科学的知見を提供する材料として期待されている．EBM の概念は古くは 1972 年に開催された国連人間環境会議に由来する．その後，1992 年の生物多様性条約や国連環境開発会議などでもその重要性が唱えられ，2002 年に開かれた持続可能な開発に関する世界首脳会議では，EAF を 2010 年までに適用することが奨励された (WSSD, Johannesburg, September 2002)．また，FAO (2003) では，海からの様々な恵みを将来の世代にも受け渡せるような持続可能な漁業の開発が望まれている．このような動向にともない，従来の単一種のみに着目した資源動態モデルに加え，複数種あるいは生態系を考慮した資源動態モデルが世界各国の研究者により近年盛んに開発されている (Plagányi 2007)．

複数種あるいは生態系を考慮した資源動態モデルにはさまざまなものがあり，大きく二つのタイプに分類される．一つは，「多種動態モデル」(Dynamic multispecies models) あるいは「最少現実モデル」(MRM: minimally realistic models) とよばれるものである (複数種の資源動態モデルもこれに含む)．このタイプのモデルでは，生態系全体をモデル化するのではなく，興味のある種に大きな影響を及ぼしうるいくつかの種間相互作用のみに重点を置いてモデル化する．直接考慮しない部分 (たとえば，低次の栄養段階にある種や基礎生産など) は一定あるいは確率的に変動するものとして扱う (Plagányi 2007)．これに対して，環境要因や基礎生産者の動態を考慮し，生態系全体をモデル化するものは「力学系モデル」(dynamic system model) とよぶ (生態系モデルもこれに含む)．なかでも生態系内の生物間のエネルギーの流れとその生物量のバランスがつりあっていると仮定して生態系を構成する全ての種のつながりを考慮したモデルは，「全生態系モデル」(whole ecosystem models) とよばれている (Plagányi 2007)．

MRM の例としては，Punt and Butterworth (1995) による南アフリカ西海岸におけるミナミアフリカオットセイとメルルーサの関係をモデル化したもの

が挙げられる．メルルーサは南アフリカの重要な漁業資源であり，かつミナミアフリカオットセイの重要な餌である．このモデルは，ミナミアフリカオットセイを間引けば，メルルーサの漁獲量は増大するかを調べるために構築された．モデルにはメルルーサと，合計でその死亡率の90%を占めるミナミアフリカオットセイ，大型の捕食魚，メルルーサの漁業だけしか含まれておらず，基礎生産やその他の種は影響が小さいとしてモデルで直接考慮されていない．

　力学系モデルの例としては，Fulton et al. (2004) によるアトランティス（ATLANTIS）とよばれるモデルがある．このモデルはすべての栄養段階にある種とその空間分布を考慮し，さらには放射照度や温度，栄養塩の変化等による基礎生産量の季節変化なども詳細にモデル化している．このモデルはオーストラリアの200海里内におけるさまざまな漁獲対象種について漁獲管理方策の有効性を検討するために実際に用いられており，生態系を考慮した漁業管理を実施するうえでの貴重な材料となっている．

　全生態系モデルの例としてはエコパス・ウィズ・エコシム（EwE: ECOPATH with ECOSIM）（Polovina 1984, Christensen et al. 2005）とよばれるものがある．これはホームページ（www.ecopath.org）から無料でダウンロードが可能なソフトウェアであり，プログラムの操作も簡易なため，世界中でもっともよく使われている生態系モデルの一つである．EwEはエコパスとよばれる静的なモデルと，エコシムとよばれる動的なモデルの二つからなる．基礎生産者の動態と環境要因の変化とを明示的に結びつけることは，アトランティスのようにはできないが，季節変動や長期変動を一定の形をもった関数として与え，基礎生産者の動態や捕食者の捕食率の時間変化を模すことは可能である．EwEの基本式については次節で説明する．表1にこれら三つのタイプのモデルの特徴をまとめた．

　生態系モデルを用いて答えようとしている問題はさまざまである．ある種の漁獲が他の種に及ぼす影響の評価に利用されることもあるし，また，外来種の導入が既存の生態系に及ぼす影響，環境要因が漁業対象種に及ぼす影響を評価するためにも利用される．それぞれのモデルには長所や短所が存在する（詳細は2 (3) 節）ので，どのような生態系モデルを構築するのかは対象と

表1 最小現実モデル，力学系モデル，全生態系モデルの特徴の比較．

モデルの分類	Minimum realist models	Dynamic system models	Whole ecosystem models
モデル名（例）	Punt and Butterworth (1995)	ATLANTIS (Fulton et al. 2004)	Ecopath with Ecosim (Christensen and Pauly 1992 etc.)
モデルで考慮する種あるいはグループの数	少ない（この場合は4種/グループ）	多くの場合20種/グループ以上（今のところ15〜61種/グループを扱ったモデルがある）	多くの種を含むことができ，多くの場合30種/グループ程
低次生産/基礎生産	多くの場合一定．あるいは確率的に変動すると仮定	物理的な過程等を考慮して動態を詳細にモデル化	他の高次の種同様，動態を単純にモデル化
体長/齢構成の考慮	種数が少ない分，ほとんどの構成種について考慮	すべての構成種で考慮することは可能だが，種数が多い分，ほとんどの場合は一部の構成種のみについて考慮	すべての構成種で考慮することは可能だが，種数が多い分，ほとんどの場合は一部の構成種のみについて考慮
環境・物理的な影響	とくに考慮せず	放射照度・温度・栄養塩などによる季節変化などの物理的な過程を詳細にモデル化	長期・短期的な物理的・環境的な影響を強制関数として与えることが可能
必要なデータ量	興味対象種については多くのデータが必要だが，種数が少ない分，全体としては必要なデータ量は少ない	多分野に渡る非常に多くのデータが必要	ATLANTISほど多くのデータを必要としないが，種数が多い分，それなりにデータ量は多い

する生態系や，使えるデータの量，目的によって大きく変わる．次節では，生態系モデルを利用した生態系管理の具体例として，筆者がおもに関わっている，鯨類における管理の試みについて紹介する．

(2) 鯨類をめぐる生態系アプローチ —— 全生態系モデルと多種動態モデル

　漁業対象種はときに海産哺乳類の重要な餌となっている場合がある．そのため，近年，海産哺乳類と漁業との餌資源をめぐる競合が国際的にも

注目されるようになった.この問題が注目されるようになった理由としてButterworth and Plagányi (2004) はおもに二つの理由を挙げている.

一つは,Tamura (2003) が推定した鯨類による餌の摂食量に関係する.この推定によると,鯨類による餌資源の年間摂食量は世界の水産資源の漁獲量(約 8000 万トン)の 3〜5 倍にもなる.これを受けて,もし海産哺乳類による餌資源の捕食が漁業対象種の持続的な漁獲に影響しているならば,海産哺乳類の(漁業への影響を考慮したうえでの)適切な管理が必要であるといった意見が一部の漁業管理者から出てきたためである.

二つ目の理由は冒頭でも述べたように,生態系を考慮した漁業管理の重要性が世界的にも提唱されるようになったためである.日本が鯨類の捕獲調査を実施している北西太平洋でも,サンマやカタクチイワシなどの漁業対象種はミンククジラの主要な餌となっており,カタクチイワシはさらに,イワシクジラやニタリクジラの主要な餌にもなっている(田村 2006).そのため,鯨類による餌生物の捕食が漁業対象種およびその生態系に与える影響,さらには漁業による漁獲が鯨類やその生態系に与える影響の評価が注目されている(Government of Japan 2002).

これらを明らかにする目的で,現在,北西太平洋における日本の鯨類の捕獲調査海域(ここではこの海域を「JARPN2 調査海域」とよぶ)について,EwE を用いた全生態系モデルと多種動態モデルの両者を構築する作業が進められている.FAO (2008) は,生態系モデルの作成にあたってはさまざまな不確実性に対応するため,タイプの異なるいくつかのモデルを構築して,その結果を比較検討することが重要であると述べており,上記二つのモデルはこれに対応している.ここでは筆者が直接関わっている全生態系モデルを中心に,具体的に内容を説明する.

EwE を用いた全生態系モデルは,JARPN2 調査海域に生息あるいは回遊してくる多くの種を含む.具体的には,クジラやアザラシ,海鳥,魚類,頭足類,オキアミ,カイアシ類,植物プランクトン等,合計 30 種から構成されており,それぞれの種の年齢組成はとくに考慮していない.エコパスの基本式は,

$$P_i = Y_i + B_i \cdot M2_i + E_i + BA_i + P_i \cdot (1 - EE_i) \tag{8}$$

と表される.ここで P_i は i 種の生産量, Y_i は i 種の捕獲量, B_i は i 種のバイオマス, $M2_i$ は i 種が捕食される総捕食率, E_i は i 種の移出量, BA_i は i 種のバイオマスの蓄積量(次年の資源重量の増加分または減少分), $M0_i = P_i \cdot (1 - EE_i)$ は i 種の捕食と漁獲以外の要因による死亡量(ここで EE_i は i 種の生産量のうちで捕食や漁獲等によって利用される部分の割合)を表す.さらに,i 種を捕食する捕食者 j の数が n 種いたとすると,i 種が捕食される総捕食率は $M2_i = \sum_{j=1}^{n} Q_j \cdot DC_{ji}$ のように表される.ここで,Q_j は j 種の捕食率,DC_{ji} は捕食者 j の胃内容物のうち i 種が占める割合を示す.

式(8)は少し変形を加えることで

$$B_i \cdot \left(\frac{P}{B}\right)_i - \sum_{j=1}^{n} B_j \cdot \left(\frac{Q}{B}\right)_j \cdot DC_{ji} - \left(\frac{P}{B}\right)_i \cdot B_i \cdot (1 - EE_i) - Y_i - E_i - BA_i = 0 \qquad (9)$$

と書き表すことができる.モデルで考慮する30種について,バイオマス,生産量,捕食率,餌組成,漁獲率などのデータを集め,式(9)に代入し,全ての構成種についての連立方程式を解くことで未知のパラメータ(多くの場合は EE)が推定される.この未知のパラメータが推定されると,エコパスにあるさまざまな機能を用いて,各種の栄養段階や種間でのエネルギーの流れを図示することによって視覚的に生物同士のつながりを理解することができる(詳細は Christensen et al. 2005).

さらに,エコパスにあるミクスト・トロフィック・インパクト(MTI: mixed trophic impact)という機能を用いると,ある種のバイオマスのわずかな増加が生態系内の他の種のバイオマスに与える影響なども評価できる(詳細は Christensen et al. 2005).これにより,ある種の漁獲が他種に及ぼす影響を暫定的には評価できるが,これはエコパスの均衡条件が満たされている期間のみにあてはまる結果であり,長期にわたる影響評価は不可能である.バイオマスの時間変動を評価する必要がある場合には,次式のような計算式からなるエコシムを用いて資源の時間的な変動を計算することができる.これを用いて,さまざまな漁獲シナリオの下での漁業が生態系に与えるインパクトなどを評価することになる.

$$\frac{dB_i}{dt} = g_i \cdot \sum_j Q_{ji} - \sum_j Q_{ij} + I_i - (M_i + F_i + e_i) \cdot B_i \qquad (10)$$

ここで，g_i は純成長効率（P/Q），Q_{ij} は種 i が種 j に食べられた量，I_i は移入量，M_i は自然死亡率，F_i は漁獲死亡率，e_i は移出率，B_i は種 i のバイオマスである．

一方，多種動態モデルは現在 STELLA（www.iseesystems.com）というソフトウェアを用いて構築されている．これは，主要な捕獲対象鯨種であるミンククジラ，ニタリクジラ，イワシクジラ，そしてそれらの主要な餌でありかつ漁獲対象種でもあるサンマ，カタクチイワシの5種から構成されている．鯨種のその他の餌であるオキアミ，カイアシ類などのバイオマスは一定と仮定している．また，鯨類の動態に関してはロジスティックモデルを拡張した $dB/dt = r[1-(B/K)^z]B$ というペラ・トムリソン型（笠松 2000）の単純な余剰生産量モデルを仮定しており，サンマとカタクチイワシに関しては齢構成モデルを仮定している．

このように，全生態系モデルと多種動態モデルではそれぞれに含まれる種数や仮定する種の動態が大きく異なっており，今後それぞれのモデルから得られた結果を比較検討することで，鯨類による餌生物の捕食が漁業対象種およびその生態系に与える影響，および漁業による漁獲が鯨類やその生態系に与える影響の評価が行われる予定である．

(3) 鯨類などにおける生態系管理の試み

南極海においては大型ヒゲクジラ類（シロナガスクジラ，ナガスクジラ，ザトウクジラ等）の商業捕鯨が禁止されてからおおよそ 30～40 年が経過する．このあいだに，かつては枯渇していたこれら大型ヒゲクジラ類の資源の回復を示す数多くの報告がなされている．かつて過度に乱獲されたシロナガスクジラも 1 年に約 7% の割合で（Branch et al. 2004），またザトウクジラでは約 10% もの割合で増加していると推定されている（Bannister 1994; Matsuoka et al. 2005）．同じ哺乳類であるヒトの年平均増加率は，最も高いリベリア共和国でも 2006 年の時点で約 5% であり，現在の大型ヒゲクジラ類の増加は人間のそれよりもはるかに大きいことがわかる．

その一方で，かつて急激に増加したと考えられていたクロミンククジラは，近年，増加が停滞しているか，減少傾向にあることが示唆されている（Butterworth et al. 1999; Branch 2006）．かつての増加は，餌をともにする大型ヒゲクジラ類が乱獲によって減少したことにより，餌（オキアミ）の余剰が生じたのがその原因とされている．このクロミンククジラの近年における停滞または減少については，同一の餌をめぐる鯨種間の競争による可能性も指摘されている（IWC 2003）．しかし，鯨の見落とし率の変化や，氷の張り出しなどの環境要因の変動が推定値にどの程度の影響を及ぼすかがまだわかっておらず，クロミンククジラの減少の真偽については IWC の科学委員会では結論が出ていない．

　そこで，Mori and Butterworth（2006）は，南極海を回遊するヒゲクジラ類の主要な餌であるオキアミとその捕食者の資源量やその増減傾向が，種間相互作用を考慮したモデルによって再現できるかを調べた．そのために，彼らはこれら2栄養段階の食う食われる関係を考慮した単純な多種動態モデルを作り，実際のデータに対するモデルの当てはまりの良さを調べた．モデルとデータが適合すれば，再現性が高いことが示唆される．このモデルはヒゲクジラ類4種とオキアミ，そしてオキアミの主要捕食者であるカニクイアザラシとナンキョクオットセイの7種からなり，基礎生産は一定と仮定している．オキアミに関してはペラ・トムリソン型の余剰生産量モデルを仮定しており，捕食者による捕食の不確実性を考慮し，いくつかの非線形な関数を仮定した．また，捕食者である鯨類や鰭脚類については，個体数の増加にともなう密度効果の影響を考慮した単純な資源動態を仮定しており，先ほどと同じような非線形な関数に基づく再生産を仮定している．モデルで扱うパラメータである自然死亡率，捕食率，出生率などに関してはこれらの値のもつ不確実性を考慮して妥当と思われる値の幅を与えた．これらの値と，過去のそれぞれの種の捕獲統計，および近年の資源量の時系列データを用いて，各種の初期の資源量を推定し，モデルのデータに対するあてはまりの良さを検討した．その結果，鯨類とオキアミおよび鰭脚類との種間関係を考慮することで，観察されているこれらの種の資源量やその増減傾向をある程度再現できた．しかし，カニクイアザラシに関しては，オキアミの環境収容力を長期に

わたり一定と仮定した数理モデルでは，資源量を再現することはできなかった．そこで，1950～1970年頃にかけてオキアミの環境収容力が何らかの要因（たとえば環境の悪化など）により半減したという条件をさらに加えることにより，実際の生物の資源量のデータをうまく再現することができた．これにより，捕食被食関係に加え，環境変化等も資源量変動の重要な要素である可能性が示唆された．

　鯨類を中心とした南極海における種間関係を考慮したこのような生態系モデルの開発は，まだ発展途上にある．そのため，現象のメカニズムについて定量的な示唆を与えることはできるが，現時点ではまだ，生態系を考慮した鯨類の複数種の資源管理に応用できるものにはなっていない．そのおもな理由は，①資源量や生物学的パラメータや捕食関数等に関する不確実性の検討が十分でないこと，②オキアミや鯨類以外の捕食者（たとえば魚類やイカ類等）に関する情報がとくに不足していること，③温暖化等の環境要因が生物群集に与える影響の検討が不十分であることなどである．しかし，不確実なことが多いという理由で，生態系を考慮に入れた資源管理の実施を先延ばしすることはできない．これは，単一種の資源管理においても言えることである．そこで登場するのが「順応的管理」とよばれる考え方である．順応的管理とは，順応性と説明責任を備えた管理のことをいう．順応性とは，たとえば，野生生物の保護管理の対象は，①情報が不確実で，②絶えず変動しうる非定常系で，③種間相互作用をもつ複雑な系であることを認識し，さらに，当初の予測がはずれる事態が起こりうることを，あらかじめ管理システムに組み込み，常にモニタリングを行いながら，その結果に合わせて対応を変えるフィードバックの考え方に基づく管理のことをいう．このような，「為すことによって学ぶ」姿勢（松田 2000）が，さらなる情報の蓄積とともに重要になっている．

(4) 生態系管理の今後の展望

　力学系モデルや全生態系モデルは，多くの種や物理的・化学的な要因を考慮し，生態系全体のつながりを大きくとらえようとするのが特徴である．これらのモデルの長所としては，複雑な食物網による思いがけない間接効果

(Yodzis 2001)などにも対処できることや，特定の種だけでなく，多くの種への漁業等の影響を評価できることが挙げられる．逆に短所としては，モデルに含む種数や要因が多い分，必要とするデータの量が多いこと（そしてその分，モデルの不確実性も増すこと），個々の種の細かい年齢や体長組成などは無視されがちであり，その影響を評価できないこと，またモデルの食物網構造が非常に複雑になるため，因果関係の理解が難しくなること等が挙げられる．

　一方，多種動態モデルや最少現実モデルの目的は，生態系全体への影響を評価するというよりは，ある特定の種が特定の他種へ与える影響を評価することである．このモデルの長所としては，種数が少ないため，個々の種の年齢構成や体長組成等の細かい動態について考慮することができ，多くの種に関する情報を集める必要がないこと，また種数が少ないため因果関係の理解も比較的容易であることが挙げられる．短所としては，思いがけない間接効果などがある場合には誤った結果を導く恐れがあること，また対象種以外への影響は評価できないこと，物理的な環境要因等による基礎生産の変動等の影響なども評価できないことなどである．

　このように，力学系（全生態系）モデルと多種動態（最小現実）モデルのどちらのモデルにも長所と短所があり，どちらのモデルが有効か，またどのような要素をモデルに含むべきかは，モデルを構築する目的や答えたい問題，既存の情報量等に大きく依存する．前節でも述べたが，生態系モデルの構築にあたっては唯一の正解モデルなどは存在せず，さまざまな不確実性に対応するため，タイプの異なるいくつかのモデルを構築し，結果を比較検討することが重要である．しかし，時間的・人的制約などにより複数のモデルを構築するのが難しい場合もあるだろう．一般に，複雑なモデルほどよいということはなく，うまく目的とする問題に答えられるのであれば，パラメータの不確実性が減る分，モデルはシンプルな方がよい．

　また，複数種あるいは生態系モデルを用いて，複数種の資源管理に応用していく動きがある（FAO 2008）．鯨類を管理するIWCを例にとってみれば，鯨類の資源管理は1946年から71年まではシロナガスクジラの換算頭数制（BWU: Blue whale unit）といって，主要鯨類の捕獲割り当て量を鯨油の生産量

の比率で換算する制度を用いて行われていた．シロナガスクジラ1頭＝ナガスクジラ2頭＝イワシクジラ6頭と換算され，より小型の鯨種はより多く獲れるという換算式を決め，捕獲数の上限を国ごとに決めていた．この制度はその種の資源状態などはまったく考慮されなかった．そのため，獲れる鯨種がある限り，いつまでも南氷洋で捕鯨船が操業する．そのため，減った鯨種にも捕獲圧が加わりつづけ，その資源を守ることができなかった．その後は種ごとに各国の捕獲枠を決める個体群管理が進められた．1994年にIWCの科学委員会で合意した改訂管理方式 (RMP: Revised Management Procedure) は，不確実性を考慮した個体群管理であり，資源量を継続して監視し，資源量に応じて捕獲枠を変える順応的管理の先駆例でもある．RMPとは，捕獲データに加え，5年に一度の資源量の推定調査の結果をフィードバックさせて，徐々に理想的な捕獲枠に近づけていこうとするものである．さらに，系統群について正しい知見が得られないために局所個体群を守れないなどの悪影響を与えないよう，小海区とよばれる局所的な区域ごとに捕獲枠の上限を定めるなど，さまざまな安全措置が施されている (田中 2006)．しかし，IWCではRMPに基づく管理捕鯨を実施しないまま，科学委員会において生態系管理に向けた生態系モデルの開発が進められている．生態系モデルはまだ初期段階にあり，生態系管理への応用に関する議論はとくに行われていない．

　鯨類に限らず，複数種の資源動態モデルや生態系モデルが単一種のモデルに代わって生態系を考慮した漁業管理策定のための唯一の資源量評価モデルになるかどうかは疑問である．むしろ，両者のモデルの特性を活かして併用することが望ましい．生態系モデルは複雑であり，かつ不確実な要素を多くもつため，個々の捕獲対象種の細かい捕獲枠などの算出には不向きである．一方，RMPなどの順応的な個体群管理は安全な捕獲枠の算出に適しているが，それによる実際の捕獲が生態系におよぼす影響に関しては何もわからない．よって，RMPにより従来通り鯨類の捕獲枠を計算し，算出された捕獲枠に基づいて個々の鯨を捕獲し続けた場合に，餌資源やその生態系に与えるリスクの大きさを複数種および生態系モデルで確認し，政策の意思決定に反映するというのも一つの方向性といえるだろう．

3 多魚種管理の新たな理論

(1) 変動する海洋生態系に適した生態系管理とは？

　群集生態学的な視点を持ち込んだからと言って，結果が明確に得られるとは限らない．たとえば，第2節で紹介したように，鯨類の摂餌量は人間の漁獲量より多いことが明らかになり，鯨類と漁業のあいだにどのような「競合」関係があるかが検討されている．しかし，間接効果によって結果が大きく変わる可能性があるため（本シリーズ第3巻1章参照），ある種と別の種がたとえ食う食われるの関係や競争関係にあっても，それだけで一方の種が増えたときの他方の種の増減を予測することはできない．生態系モデルは既知の情報量に比べて未知のパラメータが多く，過去のデータを記述することができたとしても，未来の予測力が高いとはいえない．生物群集の特徴を的確に理解し，それに適した生態系管理の方針を立てることが重要である．

　海洋生態系の特徴の一つは，10年程度の時間尺度で生じる気候変動により，群集組成や優占種が大きく変動することである（Francis and Hare 1994）．プランクトン食浮魚類も同等の時間尺度で資源量が大きく変動する．それに応じて，捕食者の利用する主要な餌種も変わる．北西太平洋のミンククジラは1970年代にはマサバを，1977年以降にはマイワシを，1990年代にはカタクチイワシとサンマを主要な餌としていた（Kasamatsu and Tanaka 1992; Tamura et al.1998）．

　日本近海のミンククジラは多い魚種を臨機応変に食べ分けている（笠松 2000）．それに対して，漁業が利用する魚種は保守的で，1970年代と80年代にそれぞれ豊漁だったマサバとマイワシは，資源が激減した現在でも乱獲が続いている．このように，野生生物が利用する餌生物を臨機応変に変えているのに対して，漁業が利用する魚種はむしろ保守的である．生態系の時空間的動態に即して，豊富な資源を利用するような資源管理の方策を検討すべきである．そのためには，それぞれの魚種の資源量から適正な漁獲量を算出する従来の単一資源管理の考え方から，多魚種管理の理論と実線を積み重ね

る必要があるだろう．

　前節では種間相互作用を考慮した生態系管理のさまざまな方法を紹介した．本節では，多魚種管理でありながら，群集構造や種間関係を直接考慮しない，愚直な多魚種管理の手法を二つ紹介する．これらの手法は単純であるだけに効果が直感的に期待できる．

(2) 海洋保護区

　乱獲を防ぐことを目的として漁獲制限をする方法には二つある．漁獲量ないし漁獲物に制限を加えて漁獲量を下げる出口規制（output control）と，漁期，漁具，漁船数，あるいは漁場を制限することで漁獲努力量に制限を加える入口規制（input control）である．海洋保護区（MPA: marine protected area）を設定して海面での人間活動を制限し，漁場面積を狭めることも入口管理の一つの方法である．一定の面積の海域にいる生物を守ることで，過度の乱獲を避けることができる．

　漁獲努力量を低下させる入り口規制はいずれも，式 (1) のような単純な数理モデルでは，どれも同じように漁獲率 f を下げることに対応する．しかし，これらの規制が生態系における漁業資源や生物群集に与える影響には，さまざまな違いが見られる．一つの大きな違いは，これらそれぞれの規制を加えて漁獲努力量を低下させることで，漁獲率 f がどのように低下するかという，「漁獲努力量—漁獲率」の関係に関するものである．単一種モデルについては，漁獲努力量（E と置く）と漁獲率 f は必ずしも比例しない．漁獲する際には魚群を探索する時間と曳網に要する時間が必要であり，生態学でよく用いられる Holling の第2型の機能の反応と同じく，単位時間あたり1隻あたりの漁獲量 f は1隻あたりの努力量 E と資源量 N に対してたとえば $f=aEN/(1+aEhN)$ と表されるような飽和形の非線形関係になると考えられる．ただし a は魚群発見効率，h は曳網時間である．その非線形性は漁期と漁船数と漁場への制限では互いに異なるだろう．たとえば，ミナミマグロは産卵期になるとかなり狭い産卵場に集まるが，それ以外の季節には公海等を広く回遊する．産卵期の産卵場での漁業は認められていないそうだが，産卵場で漁獲すれば，探索時間が短く曳網時間が長くなり，漁獲量 f は資源が減って

もそれほど減らないだろう．それに対して，非産卵期に広域に分布するマグロを漁獲すれば，探索時間が長く曳網時間が短くなり，漁獲量が資源量に比例して減る傾向は強くなるだろう．さらに，漁具を変える場合には，単に漁獲率の低下が期待できるだけではなく，小型個体の乱獲を防ぐなどの効果が期待される．このようにして，体長または齢の構成を考慮すれば，よりきめ細かい管理を行うことができるだろう．

　また，海洋保護区の設定による入口規制のみを考えても，それが漁獲形態に及ぼす影響はさまざまに変わりうる．海洋保護区の定義は多様であり，日本の国立公園やその他の自然公園でも，大規模な浚渫や地形改変などは制限されており，広義の海洋保護区である．定置網などの非選択的な漁具の利用が制限されたり，一切の漁業が禁じられたりする完全禁漁区（No-take zone）もある（Mora et al. 2006）．どのような海洋保護区を設定するかによって，漁業資源や生物群集への影響は大きく異なる可能性がある．また，規制の程度と実際の漁業努力への影響には必ずしもはっきりとした関係がない可能性もある．なぜならば，法的に規制しても遵守されるとは限らないためだ．逆に，漁業者共同体の相互監視によって実質的に保護される場合もあるだろう．したがって，明文化された法的規制の厳格さが実際の保護水準の高さを反映しているわけではないことにも注意が必要であろう．

　保護区をどこに設定するかは，どちらかといえば社会経済的に決められる．京都のズワイガニ漁業では，かつて資源が豊富にあった漁場の資源が枯渇したときに，その場所を保護区にすることで漁業者が合意し，その場所の資源が回復することで保護区の効果が漁業者にも認識されたという．石垣島と西表島のあいだの石西礁湖は世界的にもサンゴ礁生態系が残されているが，数箇所の狭い海域を重点保護区域に設定する際，地元の利害関係者は互いに似通った，種の多様性の高い区域を選んだ．科学者は互いに種組成の異なる区域を保護区とし，この海域のできるだけ多くの群集要素を保護するよう提案したが，まだ実現していない．

　すなわち，海洋保護区（MPA）の設定は，群集構造を意識した群集生態学的な知見から，必ずしも論理的に導かれる保護政策ではない．しかし，特定種だけでなく海域を保護対象とすることでMPAは，結果としてその場所の

漁獲対象種だけでなく，他の生物種についても保護することが期待できる．そのために，海洋生態系全体の保全につながる可能性がある．

(3) スイッチング漁獲

漁業における生態系管理が個体群管理と違うのは，ある魚種に対する漁獲率を，その魚種の資源量だけでなく，他の種の状態に応じて変えることができることである．その例として，スイッチング漁獲を紹介する．

前述のように，小型浮魚類は資源量が大きく変動する．また，種間関係のある多魚種を利用する場合には，魚種ごとの個体群動態モデルは必ずしも有効ではない．

もっとも単純な多魚種管理の方法として，Katsukawa and Matsuda (2003) は，そのときに低水準な資源を保護するスイッチング漁獲の効果を検証した．これは，そのときの資源状態に応じて利用する魚種を変える漁獲方針である．したがって，ある魚種への適正漁獲量は，その魚種だけでなく，他の魚種の資源量にも左右される．

たとえば以下のような漁業群集モデルを考える．

$$dN_i/dt = (r_i(t) - \sum_j a_{ij} N_j - f_i) N_i \tag{11}$$

ここで N_i, r_i, f_i はそれぞれ種 i の資源量，内的自然増加率，漁獲率を表し，a_{ij} は種 j が種 i の増加率に与える種間競争の強さを表す．r_i は時間的に変動するものと仮定する．

通常は，各魚種の漁獲率を資源量にかかわらず一定にする漁獲率一定の方策，漁獲量を一定にする漁獲量一定の方策，あるいは資源量が減ると漁獲率を減らしたり，禁漁にする単一魚種の順応的な管理方式などが検討されている．ここでは漁獲率一定の方策と，漁獲率が資源量に比例して以下のように表されるスイッチング漁獲を考える．

$$f_i(t) = f_0 N_i(t) / [N_1(t) + N_2(t)] \tag{12}$$

ただし f_0 は2魚種に対する漁獲率の合計である．

独立して変動する2種や競争系 (Katsukawa and Matsuda 2003)，グーチョ

第1章　個体群から群集へ

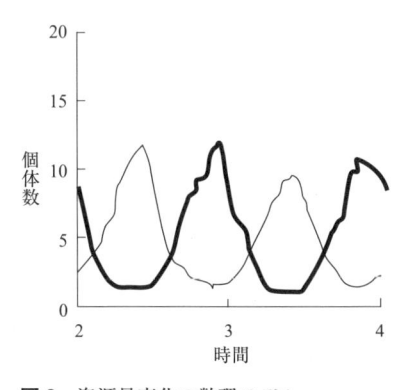

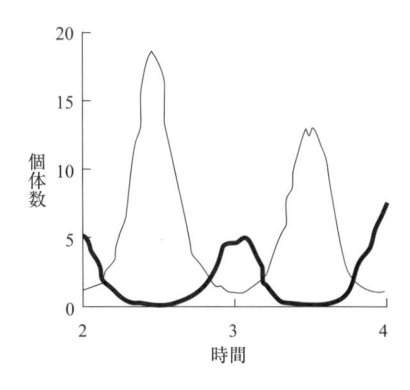

図3　資源量変化の数理モデル.
2種系の数理モデルによる（左）スイッチング漁獲 $f_i(t) = f_0 N_i(t)/[N_1(t)+N_2(t)]$ と（右）漁獲量一定方策 $f_i(t) = 0.5 f_0$ による資源量の変化. $a_{11} = a_{22} = 0.2$, $a_{12} = a_{21} = 0.1$, $r_0 = 10$, $r_a = 0.5$, $r_e = 0.5$, $T = 1$, $f_0 = 15$ としたときの例. 初期値や $r_i(t)$ は左右の図で同じものを用いている.

キパーのように優劣の順位が決まらない三すくみ関係にある3種競争系（Matsuda and Katsukawa 2002）など，いずれの場合にも，スイッチング捕食は全魚種から得られる総漁獲量を増やし，資源減少期に資源量を底上げする効果が理論的に示されている．図3では，下記のように位相のずれた増減を繰り返す2種を利用する場合の数理モデルの例を示した．

$$r_i = r_0 [1 + r_a \sin(-1)^i 2\pi t/T + r_e \xi_e(t)] \tag{13}$$

ただし r_a と T はそれぞれ環境変動の大きさと周期，r_e と $\xi_e(t)$ は $(-1, 1)$ の一様乱数による短期的な環境変動とその振幅を表す．

図3の場合，単一魚種の最大持続漁獲量を実現する漁獲率（$f_0 = 10$）程度に抑えていれば，スイッチング漁獲と漁獲率一定の方策の違いはそれほど顕著ではない．むしろ，漁獲率が過剰になったときに両者の差は顕著になり，スイッチング漁獲の方が資源量を減らさない効果がある．スイッチング漁獲の欠点は，魚種ごとの漁獲量が資源量以上に変動することである．しかし，乱獲による資源の激減を防ぐことができれば，資源量の変動幅が各種の漁獲率を一定にした場合より小さくなるために，この欠点は緩和される．そのうえで，総漁獲量の増加と安定化を図る効果がある．

図3の例では種間競争を考慮したが，異なる海域に生息する資源などのよ

うに種間競争がまったくなく，独立して変動する資源の場合でも，スイッチング漁獲は低水準期の乱獲を防ぎ，総漁獲量の増加と安定化を図る効果がある．その意味では，群集構造によらない新たな多魚種管理の方法の一つである．

　以上のように，漁業管理理論は，今後は個々の漁獲対象種のみを考慮したものから，群集の構成要素であることを意識した多魚種管理および生態系を考慮した漁業管理が多用されるだろう．それはすでに，生態系アプローチという標語で国際合意となっている．種間相互作用などの効果が明確で頑健な具体例があれば，それを考慮した管理方策は有効であると期待できる．ただし，具体的な研究事例はまだ多いとはいえない．むしろ，3節で述べたように，不確実性と変動性を考慮した順応的な個体群管理や群集構造を考慮しない海洋保護区，スイッチング漁獲のような「愚直」な方法が管理を成功させるうえでは有効かもしれない．いずれにしても，群集生態学的な視点の有効性が検証されるのは，今後の具体的な管理の成功例の提示にかかっているだろう．

第2章

森林の管理と再生
生物群集の考え方から

日野輝明

🗝 *Key Word*

攪乱　種多様性　生産性　生物間相互作用　動態平衡モデル

　わが国の森林生態系はいま危機にある．半世紀前に全国各地の天然林が地形や土地条件にかかわらず伐採され，スギやヒノキの人工林につぎつぎと作りかえられてきた．にもかかわらず，その多くが手を入れられることなく放置されている．しかも，この大規模造林をきっかけに爆発的に増えてきたシカは，人工林に被害をもたらすばかりでなく奥山の自然林の植生をも衰退させている．さらに，昔から炭や薪として利用されてきた里山林もまた放置され，松枯れやナラ枯れの発生と蔓延の原因となっている．このような森林の衰退は，土砂崩れや河川の汚染や生物多様性の著しい低下をもたらしている．その一方で，最近では「持続的な森林管理」が世界的に合意されるようになり，森林の健全性，生産力の維持，生物多様性の保全を目指す生態系管理が重要視されるようになってきた．この新しい森林管理に対して，生物群集の視点からどのようなアプローチが可能であろうか．本章では，種多様性の動態平衡のモデルを用いて，森林のゾーニングと管理方法，生物間相互作用を利用した森林の管理と再生について，新たな提案を試みる．

1 はじめに

　わが国は森林が国土の3分の2を占めている世界有数の「森の国」であるが，現在では森林面積のうち4割を人工林が占める．これは，1950年代から60年代にかけて，全国各地の天然の広葉樹林や針広混交林が地形や土地条件にかかわらず，つぎつぎとスギやヒノキの人工林に変えられていった結果である．このような大規模な皆伐一斉造林は，ある場所では不成績造林地としてまったく手を入れられることなく放置され，別の場所では土砂崩れを引き起こし，河川や湖沼の汚染をもたらしている．また，一斉林というきわめて単純化された森林構造と不適切な森林配置は，生物多様性の低下，森林の気象害や病虫獣害の発生をもたらす原因となっている．近年，全国各地で森林被害をもたらしているシカも，もとをただせば，皆伐時に餌となる草本が繁茂したことが個体数の爆発的増加の発端となったと考えられている（羽山 2007）．

　このように多くの弊害をもたらした大規模造林から50〜60年がたち，成長したスギやヒノキを利用する段階に入っている．ところが，この数十年のあいだに木造建築物の多くは鉄筋コンクリート製に変わり，木製の家具や生活用品もまた金属製や合成樹脂製などの製品に取って代わられてしまった．その結果，一人あたりの木材消費量はピークだった1970年代の7割にまで落ち込んでいる．しかも，安価で安定供給が可能な外材の輸入によって，国産材の消費量は1960年代から年々減少の一途をたどって4分の1に減り，自給率は2割以下というのが現状である．伐採しても再植林する経費が出ないほどまでに木材価格が低迷してしまい，そのために林業所得は減少し，林業従事者の高齢化とも相まって林業生産活動は停滞している（林野庁 2006）．

　1990年代に入ると，「持続的な森林管理」が世界的に合意されるようになり，生態系としての森林の健全性（＝気象害や病虫獣害に対する高い抵抗力）と生産力の維持や生物多様性の保全を目指す生態系管理の視点が重要視されるようになってきた．大規模皆伐造林に代わる人工林管理にいま求められているのは，木材生産林，水土保全林，人との共生林といった機能区分を明確に

し，それに基づいて誘導すべき目標林型とその空間配置を設定し（＝森林のゾーニング），さらにそれを発揮するために効果的な管理体系を確立することである（藤森2006）．そのような新しい森林管理に対して，生物群集の視点からどのような提案ができるだろうか．種多様性あるいは生物間相互作用の動態平衡の視点から，森林のゾーニングと管理方法，生物間相互作用を利用した森林の管理と再生について，問題点を整理するとともに新たな提案を試みる．生物多様性の保全という点からは，生物種の固有性や遺伝的特性も重要な要素であるが，本章では，種の多様性を高めることを目指した森林管理に焦点を絞ることにする．

2 樹種多様性を考慮した森林のゾーニング

(1) 土地生産力と土地安定性に基づく森林のゾーニング

　森林のゾーニングを行う場合の機能区分の順位づけの要因には，気象・標高・地形・地質・河川網などの土地が本来有する自然的な立地条件に関する要因と，土地区分・森林区分・道路網・施設などの人為的な改変を受けた社会的な立地条件に関する要因が混在する．そのため，これまでのゾーニングでは，たとえば，すでに造成された人工林が多いという理由だけで，木材生産区として区分されるといったことがふつうに行われてきた．しかしながら，これからのゾーニングに求められているのは，生態系管理の実現を目的とした生態学的な考え方に基づくゾーニングである（伊藤・光田 2007）．そのためには，まず自然立地条件に基づいて，林業地としての適・不適を科学的にきちんと分けるべきである．自然的な立地条件に基づくゾーニングを長期的・理想的な目標としたうえで，社会的な立地条件は移行的段階の短期的・現実的な制約としてとらえるのが望ましい．

　伊藤・光田（2007）は，この観点から，土地の生産力と安定性を指標として，木材生産，土壌保全，両者の調和の三つの管理目的に優先順位を与える地域レベルのゾーニング手法を提案した（図1）．彼らは，土地生産性の指標

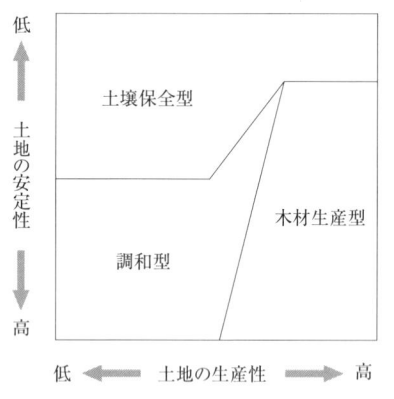

図1 森林ゾーニングの例.
土地の生産力と安定性に基づいた場合.伊藤・光田(2007)より.

としてスギ地位指数(林齢40年のスギ上層木の平均樹高),土地安定性の指標として表層崩壊の発生確率(攪乱跡地のピクセル数/階級内の全ピクセル数)を用いて,宮崎県清武川上流部の田野流域のゾーニングを行っている.土地生産性に関わる水分,養分,光などは植物にとっての資源であり,土地安定性に関わる斜面崩壊などは植物にとっての攪乱である.森林のゾーニングを植物の生存にとって重要な変数に基づいて行うことは合理的である.しかしながら,スギ地位指数はあくまでもスギを対象にした生産性の指標であるため,他の樹種を含めて検討する場合には利用可能な有機物量のような値で評価すべきであるし,土地の安定性には斜面崩壊や地滑りだけでなく台風,火山噴火,河川氾濫,山火事などの攪乱要因も考慮すべきであろう.したがって,土地の生産性と安定性を指標としてそれぞれ何を用いるかについては,今後さらに検討する必要がある.

(2) Hustonの種多様性の動態平衡モデル

生物群集の種多様性はさまざまなプロセスによって影響を受け,どのプロセスが重要かは,生物の種類や場所によっても異なり,対象とするスケールによっても異なる(Ricklefs and Schluter 1993).局所的なスケールで重要なプロセスは,攪乱による死亡と種間競争による排除である.群集を構成する種

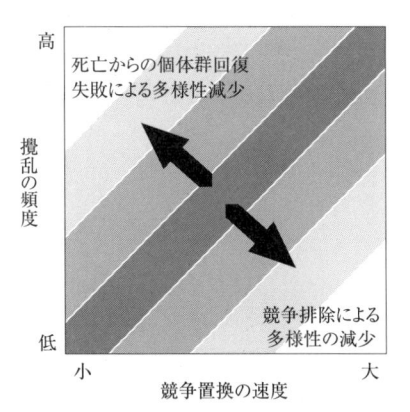

図2 種多様性の動態平衡モデル (1).
攪乱の頻度と競争置換速度に基づく.二つの矢印は種多様性を減少させる主要な局所的なプロセス.種多様性は等値線で表され,色が濃くなるにつれて高くなる.Huston (1994) を改変.

の個体群にとって,種間競争が密度に依存する要因であるのに対して,攪乱は密度に依存しない要因である.攪乱要因には,洪水,台風,山火事のような自然攪乱のほかに,捕食,植食,病気のような生物的要因も含まれる.

　Huston (1979, 1994) は,局所的スケールでの生物の種多様性を縦軸に,攪乱の頻度および強度(両者を総合した影響の大きさ)と競争置換の速度を平面の軸に描いた三次元のモデル,「種多様性の動態平衡モデル (dynamic equilibrium model of species diversity)」を提案した(図2).このモデルが適用されるのは,同じ場所で同じ資源を互いに競争しあう機能的に類似した生物種の群集である.攪乱は,ある場所では長期的にみれば一定の頻度と大きさで生じるため,攪乱にともなう個体数の減少はある群集では平均的な値をもつと仮定される.同様に,ある群集においては,競争種は局所的な環境条件(たとえば,利用な可能なエネルギーや栄養)に対して一定の個体群の成長速度をもち,環境条件が変化するとすべての競争種が同じように成長速度を変化させると仮定される.シミュレーションでは,群集内のすべての競争種の個体群の成長速度が速くなると競争置換の速度が速まることが確かめられている(Huston 1979).ある局所的な条件において,一定の範囲内で変動する攪乱の頻度と強度および競争置換の速度に対して,変動しながら一定の平衡値に達

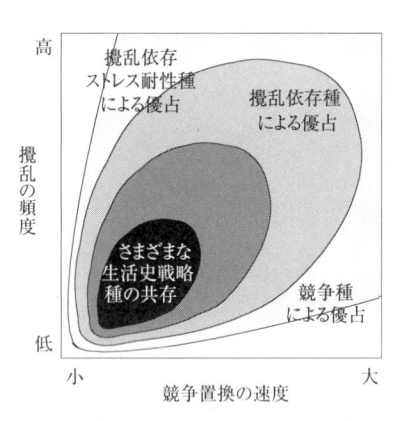

図3 種多様性の動態平衡モデル (2).
局所的なプロセスと地域的なプロセスの相互作用の結果もたらされる攪乱の頻度と競争置換速度に基づく．図中に示されているのは，それぞれの環境条件下で優占する生活史形質．Huston (1994) を改変．

すると期待される平均的な種多様度が，このモデルによって推定される．種多様度の最大値が期待されるのは，競争置換による劣勢な種の排除を妨げる程度に，攪乱による優勢な種の個体数の減少が生じるか，もしくは，攪乱による個体数の減少が生じても，次の攪乱が来るまでに個体群を回復できるほどに個体群の成長速度が速い場合である．すなわち，競争置換速度に応じて攪乱頻度と強度も増加する場合（図2の尾根部分）である．競争置換の効果が攪乱の効果を上回る場合には競争排除によって，逆の場合には，攪乱による死亡から個体群を回復できないために，種多様性は減少することになる（図2）．

　Huston (1994) はさらに，このモデルに分散や移入を取り入れることで地域的スケールに拡張したモデルを提案している（図3）．このモデルでは，多くのパッチからなるランドスケープにおいて，各パッチで競争置換速度（あるいは個体群の成長速度）と攪乱頻度・強度が平均的には同じ値をとるが，その動態パターンはパッチ間で時間的に異なる状況を考えている．攪乱と競争の影響がどちらも小さい環境（図2の左下）では，パッチ間での非同調性のために，ランドスケープ内に複雑な空間モザイクが形成される．この環境では

競争置換がゆっくり進むために，各パッチでさまざまな生活史形質をもつ種類が共存可能であり，あるパッチで種の絶滅が生じても別のパッチからの侵入によって，きわめて高い種多様性が維持される．攪乱と競争の影響がどちらも大きい環境（図2の右上）では，攪乱によってあるパッチが消失したり種が絶滅したりしても，攪乱に依存した種の侵入によって速やかにパッチが回復するために，比較的高い種多様性が維持される．これらの環境に対して，攪乱の影響が大きくて競争の影響の小さな環境（図2の左上）や攪乱の影響が小さくて競争の影響の大きな環境（図2の右下）では，ほとんどのパッチで種多様性が低く，分散や侵入が種多様性に及ぼす効果は小さい．なぜならば，前者の環境ではそのような厳しい条件に適応した生物（すなわち，攪乱依存性でかつストレス耐性）の種数が限られるし，後者の環境ではどのパッチも競争に強い種が優占するからである．このように局所的なプロセスと地域的なプロセスとの相互作用の結果もたらされる局所的な種多様性について描かれたのが図3である．すなわち，競争置換速度に応じて攪乱頻度と強度も増加する場合に種多様性は相対的に高くなるが，その最大値は両変数がともに小さい環境で達成される（ただし，極端に低い場合には，生物は成長できないので種多様性は低い）．

　競争置換の速度や個体群の成長速度は実際に調べるのが難しい．しかし，個体群の成長速度と密接な関係のある変数を用いて同じ関係を予想することができる（Huston 1979）．たとえば，個体群の成長速度は利用可能な資源量に依存して変化すると考えられ，資源量が中程度のときに種多様性が最大になることが多くの研究で示されてきた（Grime 1973; Vermeer and Berendse 1983; Kutiel and Danin 1987）．生産性を，資源が摂取した種の生物体量に転換される単位時間，単位面積あたりの速度と定義すると，種多様性は生産性が中程度の値をとるときに最大となる（Al-Mufti et al. 1977; Tilman 1982; Rosenzweig and Abramsky 1993）．また，種多様性は，競争が起こりにくく死亡率も高すぎない中規模の攪乱があるときに最大になるとする「中規模攪乱仮説」が知られている（Connell 1978; Sousa 1980; Pacala and Crawley 1992）．このように，種多様性は生産性も攪乱規模も中程度のときに最大となることが理論的に予想され，実例も数多く報告されている．その一方で，生産性や攪乱規模の大きさ

にともなって種多様性が増加したり減少したりする例も数多く知られている（生産性: Waide et al. 1999; 攪乱: Proulx and Mazumder 1998）．Hustonの動態平衡モデルでとくに重要な点は，種多様性と攪乱および生産性との関係は，条件しだいで中程度で最大になる一山型・単調増加・単調減少のいずれの関係も生じるのである．同じ予測は，Kondoh（2001）の数理モデルでも得られている．

(3) 動態平衡モデルに基づく森林の分類

　日本列島は南北に細長く連なっており，亜寒帯気候から亜熱帯気候にまたがっている．気候は温暖多雨でありながら，変化の激しい環境下にある．寒さと暑さの両方に対応したストレス耐性樹種が多く適応していると考えられる一方で，台風による攪乱の頻度が高く，また地形は複雑かつ急峻であることから，攪乱依存種を中心とするさまざまなタイプの樹種に更新の機会が多く与えられる．このような日本の特徴によって，日本の森林の多様な種組成が生み出され維持されている（藤森2006）．種多様性の動態平衡モデルに基づいて，国内の森林を分類してみるとどうなるであろうか（図4）．

　まず，図の左上に位置づけられる攪乱の影響が大きくてかつ生産性が低い環境条件の厳しい場所として，地滑りや斜面崩壊の起こりやすい急傾斜地，土石流の生じる河川上流域，火山噴火後に溶岩流の堆積した場所などが考えられる．上記のように，大規模な攪乱が生じかつ栄養の貧弱な場所に適応して生育する樹木は限られる．それでも急峻な地形が多く火山も数多く存在する日本には，そのような場所に適応した種類が比較的多く，菌根菌と共生するマツ類，根粒菌と共生するハンノキ類，フサザクラなどが挙げられる．同じように攪乱の影響を頻繁に受ける場所として，中下流域の河畔林や渓畔林などの水辺林がある．その攪乱の頻度は，積雪のある地方の雪解けによる増水のように毎年起こるものから，台風や集中豪雨のように数年に一度しか起こらないものもある．急斜面や上流域と違うのは，斜面の下部に位置することから水分や養分が豊富なことである．すなわち，攪乱の影響も競争の影響も大きい右上に位置する立地環境と考えられる．洪水などの自然攪乱による裸地形成後に，風散布により一斉に種子が侵入して発芽，遅れて鳥散布などによって更新，再び洪水による破壊で一部樹種が交代というさまざまな

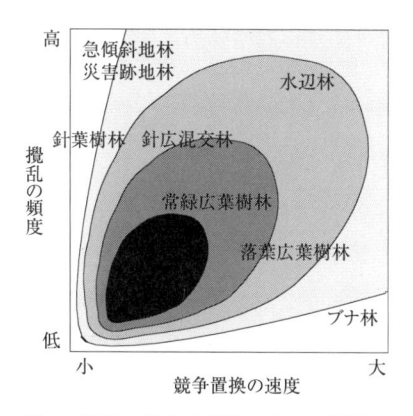

図4 国内の異なる森林タイプの位置.
樹種多様性の動態平衡モデル上にプロットした.

経緯を経てできあがるために，比較的多様性の高い森林が形成される（長坂 2007）．このような環境に適応した樹種として，ヤナギ類・ハンノキ類・ヤチダモ・トチノキ・サワグルミ・カツラ・ハルニレ・シオジなどが挙げられる．

攪乱の影響が小さくて生産性の高い右下に位置する立地環境は，急峻な地形が多く台風が頻繁に訪れる日本においてはむしろ珍しく，国内ではブナ林が唯一といっていいかもしれない．ブナ林は湿潤な気候をもち非常に安定した地形に限って生育し，林冠ギャップのような穏やかな攪乱によって更新する．ブナは枯死率の低さと持続的な成長によって，徐々に他の樹種を圧倒して優占種となる典型的な競争種である（石田 2003）．ブナ林と同様に気候的な極相林となるモミ・トウヒ・トドマツなどの北方性の針葉樹林は，台風による一斉風倒が生じ土地も痩せた急斜面，図でいえば左上の部分に近い立地環境に形作られる（中静 2004）．気温が低くて有機物の分解も遅いために成長速度は一般に遅いにもかかわらず，これらの樹種が最終的に優占種となって単純な林を形成するのは，このような立地環境に適応して樹冠を形成する樹種が少ないためであろう．つまり，ブナは競争種としての，北方性の針葉樹はストレス耐性種としての性質が抜きん出ているがために，それぞれの立地環境で極相林を作ると考えられる．樹種多様性の低いブナ林と北方性の針葉樹林をはさんで，図の尾根状の部分にはカエデ類やナラ類などによっ

て構成される樹種多様性の高い温帯性の落葉広葉樹林と針広混交林が位置する．

　シイ類やカシ類などによって構成される暖温帯性の常緑広葉樹林は，落葉広葉樹林の立地環境よりも土壌の栄養分に乏しい立地環境に位置する．なぜならば，気温が高いと樹木の呼吸速度が速く，かつ有機物がすばやく分解されて植物が吸収できる無機状態になるために，土壌中に保持されている栄養分は少なくて成長速度が遅くなるからである．興味深いのは，北方性の針葉樹林は低温で有機物の分解が遅いために成長速度が遅くなるのに対して，常緑広葉樹林はその逆の環境で同じように成長速度が遅くなることである．これらの森林間の樹種多様性の違いは，立地環境の安定性の違いの結果だということになる．世界的に見れば，図の尾根上の頂点に位置する森林が熱帯降雨林である．立地環境は安定しているものの，暖温帯の常緑広葉樹林よりもさらに気温が高い上に，降雨量が多いために溶脱が速く，土壌栄養条件は非常に貧しい．つまり，熱帯降雨林の高い樹種多様性は，樹木の成長が非常に遅くて競争置換が起こりにくいために共存が促進された結果であり，これは動態平衡モデルによってうまく説明できる (Huston 1994)．

(4) 動態平衡モデルに基づくゾーニング

　森林はこのように，その土地の攪乱強度と生産性に適応した樹種によって構成されて形作られている．しかし，1960年代から70年代にかけての拡大造林時代にはあらゆる場所の天然林が伐採され，スギとヒノキの純林に置き換えられていった．そもそもスギとヒノキは，本来，寒暖両方に対応したストレス耐性樹種であり，落葉広葉樹よりも栄養条件の悪い場所でも育つことができる (中静 2004)．そして自然状態では，風倒を起こしやすい急斜面などで広葉樹と共存していることが多い．図4でいえば，温帯性の針広混交林を構成する相対的に平均的な特徴をもった樹種である．このような特徴をもっているからこそ，大規模造林時代に国内各地のさまざまな場所に植えられてきたといってもよいだろう．このようなスギとヒノキの一斉林について，どのような目標林型を設定し，かつ，どのような管理を行うべきかを，動態平衡モデルに基づいて検討してみよう (図5)．

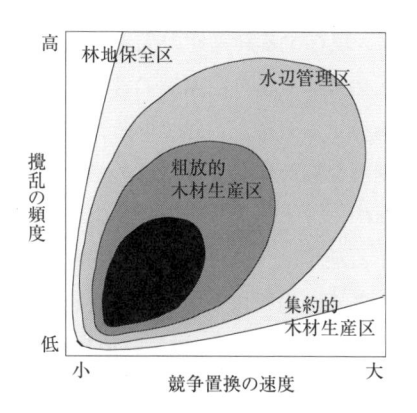

図5　森林ゾーニング.
樹種多様性の動態平衡モデルに基づく．森林の
機能区分は，鈴木（2007a）にしたがう．

　伐採は森林を構成する植物群集に対して人為的に行う一種の攪乱である．図5の左上に位置する環境（急斜面など）では，攪乱が樹種多様性をさらに低下させる方向に作用するため，このような場所での森林の伐採は群集崩壊を招く危険性が高い．本来ならば林地保全上からも林業活動を回避すべき場所であり，植えられたスギやヒノキは，不成績造林地として放棄されているところも多い．このような場所は「林地保全区」として区画し，自然のメカニズムに委ねた保全型の天然林管理が望ましい（鈴木2007a）．植林されている場合は，地滑りを起こさない程度に，漸次，間伐を行って林冠を疎開させ，広葉樹や針葉樹の侵入・育成を促し，天然林へと誘導していく必要がある．自然にまかせた再生が困難な場合は，後述するように菌根菌や根粒菌の接種を施した苗木の植栽も検討する必要がある．

　図5の右上に位置する水辺林は，スギの一等地としてスギの人工林に置き換えられてきた．しかしながら，水辺林は河川生態系の環境形成や流域の環境保全，地域の生物多様性の維持，野生生物の移動分散のための回廊機能の確保を図るうえで重要な役割を果たしており，これらの効果は林冠が河川を被覆する面積が大きいことなどから，針葉樹よりも広葉樹の方が大きい．したがって，かりに木材生産が可能であっても，水辺林では自然植生の再生・修復・保全を目的とした「水辺管理区」としての取り扱うべきである（鈴木

2007a). そのためには，現存する針葉樹の人工林に間伐あるいは小面積の部分伐採を繰り返し，天然更新により広葉樹の導入を図りながら，時間をかけて徐々に広葉樹林に誘導する管理が最適である．種子の供給源となる広葉樹の母樹がなく再生が困難な場合には，水辺林の構成樹種の植栽導入を検討する必要がある（長坂 2007）．

図5の右下に位置する環境は，スギやヒノキを植林するうえでも格好の場所であり，実際にそのような場所は人工林管理を行う最適の場所となっている．このような環境にある人工林は，一般に林道も整備されていることから，「集約的な木材生産区」として柱材生産や高品質の大径材生産などの具体的な生産目標を立て，きめ細かな作業を駆使した労働集約的な管理を行うことが可能である（鈴木 2007a）．モデルからも予想されるように，この立地環境では，伐採による攪乱が広葉樹の侵入にともなう樹種多様性の増加をもたらすことから，それらを下刈りなどによって積極的に取り除いて針葉樹の純林化を図ることが必要となる．一方，図5の尾根上に位置する環境の人工林では，伐採せずとも，風倒や地滑りのあった場所に絶えず広葉樹が林内に入り込んで針広混交林が形成されるのがふつうである．上述したように，このような場所はスギ・ヒノキの本来の生育場所でもあることから，「粗放的な木材生産区」としてなるべく労力をかけない管理が合理的である（鈴木 2007a）．つまり，長伐期管理によって大径木の生産を目指すことで生産性の低さを補いながら，侵入広葉樹を土壌保全や生物多様性の回復などの点で活かしていくことが望ましい．

3 生物多様性を考慮した森林管理

(1) 階層構造の多様化

森林という環境がもつもっとも大きな特徴は，草本層・低木層・高木層の三層からなる垂直構造をもつことである．この特徴自体がまず，一層構造の草原や二層構造の低木林よりも，森林が階層構造の複雑な環境であり，よ

り多くの動物が生息できることを意味している．たとえば，国内の各地の森林で繁殖する鳥の種類数（20種から40種）が，草原での種類数（7種から13種）の約3倍であることは，この階層の数でおおまかに説明できる．同じ森林であっても，落葉広葉樹の天然林のように高木層・低木層・草本層のいずれの層も同程度に発達したものもあれば，スギやヒノキの人工林のように高木層のみしかもたない単純なものもある．後者は植生の種類としては森林であっても，環境構造の複雑さからいえば，草原と同じ一層構造に近い（日野2004）．一般に，草本層・低木層・高木層の各階層に均等に植被が発達している（すなわち，葉層高多様度 foliage hight diversity の高い）森林ほど，生息する鳥の種多様性が高いことが知られている（MacArthur and MacArthur 1961; Hino 1985）．各階層の植被の量は，鳥にとって餌や営巣場所などの資源量や捕食者からの被蔽効果の間接的な指標とみなすことができる．それが均等に分布することで，特定の層を利用する種類が優占することなく，各階層を互いに使い分けることで，さまざまな種類の鳥が生息できるようになると考えられる（MacArthur 1958; Cody 1974）．構造の複雑な植生ほど生息種の多様性が高くなることは，哺乳類（Emmons 1980; August 1983）や昆虫（Strong et al. 1984）でも知られている．

　それでは，各階層に植被が均等に分布するということは，生態学的にどのような意味をもつのだろうか．まず，森林の健全性と関連づけることができる．高木層が密であれば，地表にまで届く光の量が少なくなるため草本層は疎になり，逆に高木層が疎であれば，草本層は密になるのがふつうである．高木層が密すぎても草本層が密すぎても，樹木の実生は健全に生育できないので，低木層は発達しない．つまり，各階層の植被の量が中程度で均等に分布していれば，それは天然更新が健全に行われている結果だとみなすことができる．また，植被の量が中程度であれば，森林の中を飛び回る鳥や昆虫の採食行動においても何かと都合がよい．たとえば鳥では，藪や地上で餌を探し回って採食するホオジロ類やツグミ類，飛んでいる虫を飛びついて捕らえるヒタキ類，林内で飛んでいる鳥を捕まえるハイタカや林冠から地上のネズミを捕らえるフクロウなどの猛禽類は，樹冠内にはある程度の空隙を必要とする．

人工林管理で階層構造を多様にする方法として，二段林型の複層林管理が知られている（竹内2007）．しかしながら，上層木によって下層木が被圧されること，下層木を損傷させずに上層木を伐採することが技術的に難しいことなどから，生物多様性や水土の保全などの公益的な機能ばかりでなく，継続的な収穫という面でも十分な機能が果たせていない．そこで，二段林型の複層林管理に代わって注目されているのが，幅数十メートルの帯状あるいは群状の小面積伐採と新たな植林を数十年おきに繰り返すことによって，樹齢の異なる小林分をモザイク状に配置した構造に誘導していこうとする複相林管理である（鈴木2007b）．このような林では，継続的な収穫が可能になるばかりでなく，生物多様性の増加も期待できる．たとえば，樹齢の異なる林分には異なる種類の動物が生息する（牧野2008）．移動性の高い鳥の多くは樹齢の異なる区画を越えて行動圏をもつと考えられるが，同じ種が営巣場所と採食場所を区画によって違えたり，おもに利用する区画を違えたりすることによって近縁種の共存が促進される可能性もある（Helle and Monkkonen 1990）．

(2) 種組成の多様化

　単一種による人工林への批判から，針葉樹と広葉樹の混交や広葉樹の混成による種組成の多様化が目標とされるようになってきた．樹種多様性が高いほど，動物群集の種多様性が高くなることはよく知られている（Rice et al. 1984; Hino 1985）．つまり，同じ垂直構造の林であれば，スギあるいはブナの単純林よりは，両種が混交した林の方が多様な動物群集が形成される（藤森ほか1999; Palik and Engstrom 1999）．その第一の理由として，それぞれの樹種に特殊化した異なる種類の動物が共存できることが挙げられるが，もう一つの理由として，異なる樹種が混じることで餌資源，微気象，環境の微細構造に時空間的な変化や複雑さが生じ，それが異なる動物種の共存に重要な働きをしている可能性が挙げられる．たとえば，樹種が違えば，分枝様式，小枝の長さや太さ，葉の密度や形態や分布，枝と葉のあいだの距離，果実の大きさや付き方，植食性昆虫に対する防御戦術などが違うために，鳥の餌の取り方に多くのバリエーションが生じ，それによって多くの種類の鳥が共存できる（Marquis and Whelan 1996）．昆虫食のシジュウカラの仲間は，樹冠内を移動

しながら探し出した餌を枝に止まったりぶら下がったりしながら嘴でつまみ採って食べる．主要な餌である鱗翅目の幼虫は葉の裏面にいることが多いので，同じ広葉樹であっても，葉柄が短くて水平方向に出ているブナよりも葉柄が長くて垂直方向に出ているカエデ類の方で採食効率が高いためによく利用される（日野 2004）．また，同じシジュウカラの仲間であっても餌の取り方は種によって少しずつ違うので，単一樹種からなる林よりも枝葉の付き方や大きさの違う樹種からなる林の方が共存できる種も多くなるだろう（Hino et al. 2002; Unno 2002; Park et al. 2008）．

このように森林の構造を決める植被の垂直分布と樹種構成のどちらの要因も複雑な方が，生息する鳥の種多様性も高くなることがわかる．では，それぞれの要因は森林性の鳥の群集構造を形づくるうえでどのような機能をもっているのだろうか．Hino（1985）は，植生構造の異なる森林で行った鳥の個体数調査の結果をもとに，おもに利用する高さの階層によって分けた鳥をグループ分けし，そのグループごとに種数と密度がどのような植生要素と関係があるかを調べた．その結果，どの鳥のグループについても，個体数は営巣や採食をおもに行う階層の植被の量によって決まり，種数は樹種構成の複雑さによって決まっていることがわかった．つまり，鳥のグループ間の多様性は植被の分布によって，グループ内の多様性は樹種構成によって決まっていることになる．鳥の種多様性を決める要因として，植被の垂直分布と樹種構成のどちらが重要かがかつて議論になったことがあるが（Wiens 1989），影響のしかたが違うだけでどちらも重要なのである．

(3) 林分配置の多様化

ある環境が生態系として自立的に機能するためには，生態系としての基本的な景観要素を兼ね備え，生息する生物相が集団を維持・再生産できる生息場所を有し，多様な生物間相互作用が維持されなければならない．森林においてそのような範囲を定めるならば，源頭部から流れ下る河川と谷底から尾根までの地形を含む集水域とするのが適当である（伊藤・光田 2007; 鈴木 2007a）．このような集水域を最小単位とする森林管理を行ってはじめて，生態系としての森林の健全性と生産性の維持や生物多様性の保全を目指す生態

系管理が実現できるといってよいだろう．攪乱と生産性のような自然立地条件に基づいて森林のゾーニングを行い，それぞれの機能区分で適切な管理が行われるならば，将来的には多様な植生のモザイク構造からなる集水域生態系が形成されることになる．

　上述したように，種組成や階層構造の多様な森林には，多様な動物群集が形成される．そのような森林は，広葉樹林や針広混交林に林種転換の図られた区分で達成されるだろう．その一方で，集水域生態系内には集約的木材生産区として単純な構造の林分も維持されることになるが，その場合であっても，伐採は帯状あるいは群状に小面積で行わなければならない．そうすることで，周囲に生物多様性の高い生態系をもつ森林が残っていれば，生物間相互作用を介して単純な構造による弊害が緩和されることが期待される（Yamaura et al. 2006）．たとえば，針葉樹の人工林では虫害の発生が生じやすいが，そのような年には周囲の森林から昆虫食の鳥が侵入して採食することで，その被害を最小限に抑えてくれるかもしれない（由井 1988）．また，大面積の皆伐が周囲の森林にもたらす負の影響，たとえば，草食性のネズミやシカの個体数の増加にともなう森林更新の阻害（羽山 2007）や林縁性の捕食者の増加にともなう鳥類の減少（Martin 1988）などを軽減することができるだろう．

　集水域生態系で重要なのが，河川と水辺林とのあいだの密接な関係である．秋から春先にかけて羽化するユスリカやカゲロウなどの水生昆虫は，一年中森林に生息する留鳥や春先に渡ってきたばかりの夏鳥にとって重要な餌資源となる．陸上では，初夏から夏にかけて日射量と気温が上昇するにともない，樹木は活発に光合成を行うために新しい葉を出し，それにあわせて鳥たちの餌となる食葉性の昆虫が増加する．秋も深まり日射量と気温が下がりはじめると，落葉樹は葉を落としはじめ，陸上の昆虫の数は減少していく．ところが，水生昆虫にとって，この季節は成長するには格好の時期なのである．なぜなら，餌となる落葉が大量に供給され，また樹冠が開くことで藻類の光合成も活発になるからである．その結果，冬期に交尾産卵のために羽化する水生昆虫が増加するのである．このような森と川における植物の生産活動と餌となる昆虫の生活サイクルの逆転によって，森林に生息するクモ，鳥，コウ

モリなどの昆虫食の動物にとっては，1年をとおして安定して餌が供給されることになる (Nakano and Murakami 2001)．また，森林内の渓流に生息するイワナやヤマメなどのサケ科魚類は，冬期には羽化前の水生昆虫を食べるが，夏期には森林の樹冠から落下してくる虫に餌のほとんどを依存している．したがって，生産性の季節動態の異なる森林と河川という二つのシステムが並んで存在することで，河畔林の動物群集が1年をとおして安定に維持されているのである．

(4) 自然攪乱を模倣した森林管理

生物多様性の保全に配慮した森林管理は，自然攪乱のプロセスを模倣する形で行われるべきだと主張されはじめた (山浦 2004)．すでに述べた帯状あるいは群状の小面積伐採による複相林の管理，針葉樹と広葉樹の混交や広葉樹の混成による種組成の多様化は，そのような森林管理の試みでもある．石上・鈴木 (2007) は，ランダムに配置した小面積 (0.13ha) の分散伐採を8回に分けて20年間隔で行うモザイク林の管理を提案している．計画どおりに伐採と更新が一巡すると，林齢，林相の異なる8種類の林分がランダムに存在することになる．この構造は，発達段階の異なる林分パッチのモザイク構造がギャップ更新によって維持されている成熟した天然林と類似したものとなる．また最近では，これまで伐採や搬出の障害になるとして取り除かれていた立ち枯れ木や倒木を，動植物や菌類の重要な生育環境として林内に残したり，樹皮と形成層の部分を環状に削り落として木を枯らす方法 (＝巻き枯らし) などによって，他の生物の生息環境を人為的に創り出すようになってきた (McComb and Lindenmayer 1999; 大場 2007)．しかし，このような日本での生態系管理の試みは，自然攪乱のプロセスの定量的な解析に基づいて行われているわけではない．

自然攪乱を模倣した森林生態系管理の先進国はカナダである．内陸の乾燥地域のように火事が頻繁に起こる森林では，過去の火事の頻度と強度，気候，植生の時空間的な履歴が調べられ，それに基づいて，現在の気候下で起こりうる変動の範囲内で火事による攪乱を維持する管理 (人為的な火入れ，あるいは間伐や下刈りよる山火事の予防) が行われようとしている．逆に，沿岸

地域のように火事がまれな森林では，景観内の立地環境ごとに自然攪乱の種類・頻度・強度および林分特性が調べられ，それに応じて，何をどの程度どのように保存するかが決められる．保存するものは，成熟木・枯死木・風倒木・山火事跡・水系回り・伐出効率の悪い場所，などである（山田 2005; 森 2007）．このように，カナダでは自然攪乱によって形作られ維持されてきた生態系本来の機能を重視することで，森林生態系のもつさまざまなレベルでの多様性を維持し，持続可能な森林管理を行おうとしている．カナダの森林のほとんどが公有林であること，天然林を構成する樹種自体が木材生産の対象であることなどから，状況の異なる日本の森林でそのまま適用できるわけではない．とはいえ，日本の多様な森林生態系を持続可能な形で保全していくためには，日本特有の自然の攪乱体制，気候，地形，植生に応じた独自の森林生態系の管理手法の確立が必要であり，カナダでの取り組みは参考にすべき点が多い．

4 生物間相互作用を利用した森林管理

（1）草食獣の採食による下刈り

　造林地にウシ・ウマ・ヒツジなどの草食性の家畜を放ち繁茂する下草を食べさせることで下刈り作業の省力化を図る林内放牧は，「食う食われる」の生物間相互作用を森林管理に利用する典型的な例である．種多様性の動態平衡モデルに基づけば，このような林内放牧は相対的に土地生産性が高くて攪乱強度の低い立地条件，すなわち右下に位置するところでとくに有効であろう（図6）．なぜならば，このような環境では，放っておけば成長が速くて競争能力の高いササやススキなどが優占するために，苗木をはじめとして他の植物種は生育できないが，草食獣がこれらの優占植物を食べることで植物群集の種多様性が高まるからである．つまり，草食獣は「キーストン植食者（keystone herbivore）」として，森林生態系に重要な効果をもたらす（Huston 1994; Hacker and Gaines 1997）．

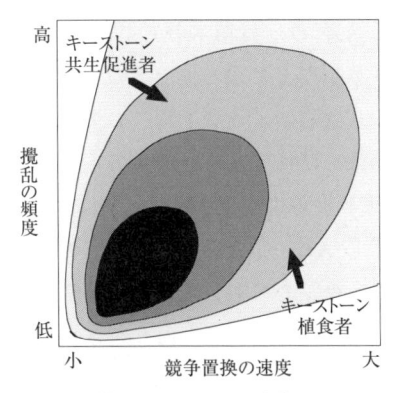

図6　2種類のキーストン生物.
樹種多様性を高めるように作用するキーストン定着促進者とキーストン植食者の動態平衡モデル上の位置.

　わが国の林内放牧は1世紀近くの歴史があり，混牧林経営とよばれた．たとえば，東北地方では1980年代前半頃までウシやウマをブナ林に放牧し，採食によってササがなくなりブナの実生バンクが形成されたところで炭焼きのための伐採が入った．そうして，伐採跡地にはブナの二次林がまた再生してくるわけである（中静2004）．一方，中四国や九州地方の山間地域では，椎茸生産用のホダ木を供給する目的でクヌギ林でのウシの放牧が行われ，下刈り作業の軽減などで成果を上げていた（松本ら1998）．このように，薪炭やホダ木の生産では10〜20年という短いサイクルで伐採を繰り返すことで家畜の餌となる下草が絶えず供給されるために，林内放牧によって林業と畜産が両立する．しかし，スギやヒノキの人工林では，伐採のサイクルが50年以上と長いために林内放牧が適用されることはなかった．

　そのような状況の中で，宮崎県諸塚村では林内放牧による「林畜複合生産システム」への取り組みが村を挙げて行われている（西脇2001；守屋ら2003；伊藤ら2005）．ここでは旧来から椎茸生産用のホダ木を供給する目的でクヌギ林でのウシの放牧が行われていたが，それをスギとヒノキの造林地に応用させることに1990年代後半から取り組んできている．ソーラー電池を利用した電気牧柵で囲った造林地の中に5月から10月にかけて1haあたり1〜2頭を入れるのである．家畜をもたない林家には畜産家からウシがレン

タルされている．その結果，ウシは苗木のスギとヒノキを食害することなく，ススキやカヤなどの草本類やタケ類の地上部の現存量の7割から8割を減少させた．林業側にとってはこのような下刈りの労力の削減ばかりでなく，家畜の糞尿による施肥効果も期待できる．牛肉の輸入自由化による畜産物価格の低迷や糞尿による地下水汚染などの問題を抱えている畜産業界にとっても，レンタル牛による収入増，飼料や糞尿処理のコスト減などの利益がある．そればかりでなく，ウシのストレス軽減や適度な運動によって肉質の向上さらには動物福祉の向上という利点もあり，さらに，輸入飼料に頼らないことで牛海綿状脳症（BSE）の心配もなくなる（蔦谷2002）．

　このように事業開始から10年，諸塚村方式の林内放牧の試みは成果を上げ，全国的にも注目されている．しかしながら，スギ・ヒノキの人工林管理で林内放牧を成功させるには，餌となる下草をウシに継続的に供給する必要があり，そのために新たに造林地を作る時期が来ていると考えられる．なぜならば，苗木の生長にともなって林冠が閉鎖すると，林床に十分な量の下草が生育できなくなるためである．そこで，かりに樹齢50年で伐採する計画であれば，帯状もしくは群状の植林と伐採を少なくとも5区画で10年おきに繰り返す森林管理が必要になる．さらに，その1区画では最低1頭のウシが放牧可能な面積が必要であるから，1haあたり1頭をウシの適正頭数とするならば，単純計算で最低5haの林地が必要だということになる．将来的にどのくらいの面積であれば，林内放牧がスギ・ヒノキの人工林経営として成立するのか，今後さらに検討していく必要があるだろう．植栽密度を減らしたり間伐の本数を増やしたりすることで，下草の生育を維持できる条件を検討することも必要である．また，種多様性の動態平衡モデルに基づく予想に反して，種内放牧は下層植物群集の種多様性を増加させなかった（石上ら2003）．諸塚村は山間地域であるため，草食獣がキーストン植食者として効果的な役割を果たすことのできる「土地生産性が高くて撹乱強度が低い」という立地条件ではないと考えられる．今後，林内放牧を行う場所が全国的に増えてくれば，この予想を検証できるだろう．

　ところで，全国で害獣扱いされているシカの採食も，放牧牛と同じように下刈りの機能を利用できないだろうか．ウシの放牧適正密度は1haあたり1

〜2頭とされているが，林業では樹種や被害形態によって違うものの，植栽樹種に被害を与えないシカの適正密度は1haあたり0.01頭から0.05頭が目安と考えられている（農林水産技術会議事務局ほか2003）．同じ草食獣でありながら，これほど適正密度に差が出てくるのは，シカがウシやヒツジと違って苗木の枝葉を好んで食べ，かつ成木も角研ぎによって傷つけたり剥皮食害によって枯らしたりするからである．そのため，シカの場合は苗木を採食から保護する必要があり，林地全体をネット柵や金網フェンスや電気柵などで囲う方法と，ネットやチューブなどで苗木を1本ずつ囲う方法がある．前者は後者よりも安価で設置できるが，1か所でも破損するとすべての苗木が被害を受ける可能性があることから，設置後も保守管理が必要になる（農林水産技術会議事務局ほか2003）．それに加えて，防護柵の中では下刈りに必要な労力と経費が必要となる．さらに問題なのは，神奈川県の丹沢山地などで報告されているように，広域な防護柵によって低山帯に生息場所を失ったシカが亜高山帯に移動して，自然植生の後退と土壌浸食の原因となることである（羽山2007）．

一方，単木ごとの防護には，苗木の樹高が主軸の先端をシカに食べられない高さ（約1.5m）になったあとも，樹皮に対するシカによる剥皮や角こすりの害を防ぐために荒縄や針金を巻き付けるなどの対策が必要になる．そのため，防護柵の設置に比べて経費が高く設置に手間がかかる欠点はあるものの，一部の破損があってもすべての苗木に被害をもたらす心配はない．また下刈りの費用を削減できるばかりでなく，下刈りの際の苗木の誤伐もなくなる．単木防護にかかる経費削減のためには，植栽密度を減らすことも有効な手段となるであろう．従来の一般的な苗木の植栽では，1haあたり3000本程度の密度で植え，生育過程で間伐や除伐などの手入れを行い，最終的に成木にいたるのは1000本以下である．ところが最近では，採算が合わないことから多くの人工林で間伐が行われずに放置され，たとえ間伐が行われても間伐材の大部分は山中に切り捨てられているのが現状である．それであれば，はじめから間伐しなくてもすむように，1haあたり1000本から1500本程度の密度で植えて，その1本1本を大切に育てていくのも，これからの林業の方向として一つの有効な方法であろう．1500本植えで単木保護にして下刈や

間伐などの保育作業を省力した場合と 3000 本植えで防護柵をした場合とでは，経費に大差がないという試算がある（森・高橋 1997）．しかし，囲いとなる資材を苗木の伸びる方向に対してまっすぐに設置しないと成長した苗木が中途で曲がったり，資材によっては夏期に苗木が蒸れて枯死したりするなどの問題点が指摘されている．そのため，設置方法や資材には検討の必要がある．

単木防護による植栽が何よりも重要なのは，排除によって周囲の自然植生に影響を及ぼすことなく，シカと共存しながら（下刈りという利益を得ることから，相利的な共生をしながらの方が正しい表現かもしれない）林業を行うことができることである．上述したように，林業地域でのシカの適正密度（1haあたり 0.01～0.05 頭）は，苗木に影響を与えない密度に基づいて設定される．しかし，単木保護を行う場合のシカの適正密度は，家畜の放牧と同様に，苗木の周囲の草本が食べつくされずに毎年生育しつづけることができる密度だと考えられるので，もっと高い値に設定できるだろう．そうすれば，シカの個体数の調整にかかる費用と労力も軽減できる．さらに最近では，ニホンジカを食肉として利用することが検討されるようになってきた（大泰司・本間 1998）．適正密度を超えた分のニホンジカを間引いて食用に回すことができるようになれば，ウシの林内放牧と類似したシステムだといえないだろうか．

(2) 共生微生物による定着・生育促進

樹木の根に感染する共生微生物には，根粒を形成して大気中の窒素を固定する根粒菌と土壌中からリンや窒素などの養分を効率的に集める菌根菌が知られている（二井・肘井 2000）．根粒菌は，マメ科のアカシア属やハギ属などのほか，ハンノキ属やドクウツギ属などの幅広い広葉樹種にみられ，根にふくらんだ結節を形成する．菌根菌にはいくつかのタイプの異なる菌が存在する．そのうち，樹木の細根を菌糸で覆い，表皮や皮層の細胞間隙に入って共生するのが外菌根で，そのほとんどは子実体であるキノコを作る．このタイプの菌根をつける樹木には，冷温帯林で優占種となるマツ科，ブナ科，カバノキ科，熱帯多雨林で優占種となるフタバガキ科やフトモモ科の樹木がある．それに対して，菌糸が植物の細胞のなかに入りこんで菌糸が枝分かれし

ているのが，アーバスキュラー菌根（内生菌根）である．コケからシダ，草本，樹木まで陸上植物のほとんどにみられ，スギやヒノキが形成するのはこのタイプの菌根である．これらの菌は樹木に栄養塩を供給する代わりに，樹木から光合成産物である炭水化物を受け取っている．樹木とこのような相利関係にある根粒菌と菌根菌は，種多様性の動態平衡モデルでいえば，土地生産性が低くて攪乱強度の高い左上の立地環境のときに，「キーストン共生促進者（keystone facilitator）」として，樹木の定着や成長を促進し，群集の種多様性を高める働きをすると考えられる（図6; Hacker and Gaines 1997）．

　菌根菌が生態系の物質循環に与える影響は大きく，植物の栄養塩の吸収を促進するだけでなく，植物が固定した炭素の大きなシンクとなっている（二井・肘井 2000）．また，森林の中の樹木は，菌根菌の菌糸でお互いにつながれた菌糸ネットワークを形成している．そのため，菌糸ネットワークでつながっている個体間で，炭水化物や栄養塩の移動が起こっている可能性が高い（Allen 1991; 金子・佐橋 1998）．外菌根は宿主特異性が強いことから，その移動は同種個体間で行われる．たとえば，成熟木は光を遮る代わりに，実生や稚樹へ菌糸をとおして炭水化物を供給している．宿主特異性がないアーバスキュラー菌根を介したネットワークでは，異種個体間で物質が移動している可能性があり，それによって種間競争が緩和され，共存や種多様性が促進されている可能性がある．

　土壌条件が悪くて根粒菌が不足している場所（せき悪地，崩壊地，鉱毒汚染地，火山噴火跡地，砂漠など）は，乾燥や貧栄養などのために樹木の生育条件が不適であり，目的の樹種を導入しても生育できないことが多い．その場合には，根粒菌を作る樹木をまず植栽して，肥料木として土壌改良を行うのが有効である．周辺に樹林がある場合には種子が供給され，地域の在来種による植生の復元が期待できる．南半球にマツを植林する際のように目的の樹種に適合する外菌根菌がいない土壌に植林する際には，その樹種につく菌根菌と一緒に植えることで効果を挙げることができる．菌の種類によって根の成長を促進させるもの，葉と茎の成長を促進させるものなど成長促進の効果が異なり，土壌条件や樹齢などでも適する菌の種類が変わるので，接種する菌の種類は多い方がよい．また，菌は外来のものでなく，その土地固有のも

のを使うのが望ましい（二井・肘井 2000）．わが国においても，最近では熱帯や亜熱帯地域の劣化した土壌の緑化に関連する研究が増え，外生菌根菌の接種による育苗技術に関する研究が行われている（菊池・小川 1997; 沖森 2001）．アーバスキュラー菌根菌は，宿主に共生することなしには増殖しないため，単独での人工培養はいまだ成功していない．根粒菌をつける樹木の場合は菌根菌と一緒に接種することで効果が促進されることが，アカシアやオオバヤシャブシで明らかににされている（Yamanaka et al. 2005）．

　菌根の発達している樹木は，樹木の成長を促進するばかりでなく，乾燥害や病虫害に対して強い抵抗力があることが知られている（金子・佐橋 1998）．そのメカニズムはアーバスキュラー菌根ではまだ明らかにされていないが，外菌根では，菌鞘による病原菌への物理的防御や抗菌物質の産生による病原菌の生育抑制，根圏微生物相の形成による病原菌の活動抑制が考えられている．1970 年代より日本全国で問題となっている松枯れは，侵入によって水分の通導阻害をもたらすマツノザイセンチュウと，弱ったマツに産卵することでその媒介者となるマツノマダラカミキリとの相利的な関係により発生・蔓延することが知られているが（本巻 4 章参照），その関係に菌根菌との相互作用が関与していることが最近の研究からわかってきた（二井 2003）．マツは，もともとマツタケなどの菌根菌との共生によってやせ地や乾燥地に生育する性質がある．ところが，1960 年代以降，化石燃料や化学肥料の普及によって，マツ林の落葉落枝の需要が減少して林内に放置され土壌の富栄養化が進んだ結果，栄養分を供給していた菌根菌が死滅してしまい，マツの病気に対する抵抗力が下がったというわけである．そこで，新たな松枯れ防除策として，落ち葉の除去と菌根菌の接種によって土壌中の菌根菌を増やす試みがはじめられている（小川 2007）．

　松枯れに 10 年ほど遅れて，1980 年代から問題となっているのが，ナラ枯れである．線虫ではなく菌の 1 種（ナラ菌）が通導阻害をもたらす点が松枯れと違うが，甲虫の 1 種（カシノナガキクイムシ）が媒介者となること，里山での薪炭林の放棄とそれにともなうコナラやクヌギの大径木化が媒介昆虫を誘引したことなど（小林・上田 2005），松枯れ発生のメカニズムと類似する点が多い．興味深いのは，松枯れもナラ枯れも，外菌根をつける樹種で発生し

ていることである．小川 (1996) は，ナラ枯れの進行もまた菌根菌の減少と密接な関係があることを明らかにし，大気汚染物質による酸性雪を菌根菌の死滅と関係づけた．それに対して菌根菌の減少はナラ枯れの「原因」ではなく「結果」であるという否定的な見解が現在では主流のようである（森林総合研究所関西支所 2007）．しかしながら，薪炭林として定期的に伐採されていた林が放置されて，落葉落枝による土壌の富栄養化や常緑樹種の侵入が進むと，それまでナラ類と共生的な関係を築いていた菌根菌が他の菌との競争に負けて衰退する可能性があるだろう．ナラ類の菌根共生に関する知見が乏しい現状で結論を出すのは早計ではないだろうか．

5 シカとササの相互作用の動態に基づく森林生態系管理

(1) シカとササの相互作用の動態

　吉野熊野国立公園の中心部で国立公園特別保護区に指定されている大台ヶ原は，周辺地域のほとんどがスギやヒノキの人工林と落葉広葉樹の二次林に変わっていったなかで，国内分布の南限であるトウヒの純林や西日本で最大規模のブナ林などの原生的な自然林が孤立した形で残されており，学術的にも野生生物の保全においても価値が高い．しかし，1970 年から 1980 年にかけてシカの密度が急激に増加して，現在では 1ha あたり 0.2 〜 0.3 頭までになり，その採食によって森林の衰退が著しい．この 50 年間の大台ヶ原の変化のプロセスを，環境省は次のように説明している（環境省近畿地方環境事務所 2005）．① 1959 年の伊勢湾台風を初めとする大型台風の相次ぐ襲来によってトウヒ林を中心に多くの樹木が風で倒されて，林内にミヤコザサが分布を広げるようになった，②周辺域で 1960 年代に行われたスギ・ヒノキの大規模造林による伐採跡地がシカにとって好適な餌環境を生みだし，シカの密度を増加させた，③苗木の生長にともない人工林の樹冠が閉鎖しはじめると，周辺域で増加したシカにとって餌環境として適さなくなったが，同時期にミヤコザサが分布を広げていた大台ヶ原にシカが侵入するようになった，④シ

カは樹木の実生や稚樹を食べて天然更新を阻害するばかりでなく，成木の樹皮を剥いで食べて枯死させるようになった．⑤林冠の開放によってミヤコザサがさらに分布を広げ，シカは個体数を増加させていった．このような状況下で，環境省は国内の森林環境で最初の自然再生事業を 2005 年より開始し，森林再生に向けてのさまざまな方策が現在検討され実施されている．一方，著者らは野外実験に基づく生物間相互作用ネットワークの調査を，大台ヶ原で 10 年以上にわたってつづけている（日野ら 2003, 2006; 柴田・日野 2009）．本節では，この調査で得られた結果を基に，シカとササの相互作用の動態に着目した森林再生について一つのアイデアを提案してみたい．

　ここでも Huston の動態平衡のモデルを使い，森林下層の植物群集の種多様性の動態に着目する（図 7）．樹木の実生は下層植物の主要な構成種であるから，下層の植物群集が多様であれば樹木群集も多様であると考えてよいだろう．ササがなくてシカだけが存在する環境では，シカの密度の増加にともなってほとんどの植物は食べられて不嗜好植物ばかりが生き残ることになり，多様性の低い植物群集が形成されると予想される．しかしながら，シカによって排出された糞や尿には土壌微生物量を増加させ，窒素の無機化速度を促進する効果が知られている（Molvar et al. 1997）．また，シカがまったくいないと，蹄耕などの土壌攪乱に依存して更新するミズナラ（渡邊 1997）やカンバ類・ドロノキ・キハダ（Nomiya et al. 2002）などの樹種がみられなくなる可能性があるので，シカはまったくいないよりはいくらかいるときに樹種の多様性は最大になるにちがいない．実際に Suzuki et al. (2008) は，シカの密度レベルが中程度のときに森林下層植物の種多様性が最大になることを，房総半島で明らかにしている．したがって，シカの密度を森林下層植物の種多様性の動態平衡モデルの図の縦軸に位置づけることができる．

　一方，ササは広い面積にわたって地下部を根でつながっているクローン植物であり，環境条件が良いところでは林床を優占する．そのため，国内の森林では，光をめぐる競争においても水分をめぐる競争においても下層植物群集の最強の種であり，シカがいなくてササだけが生育する環境では，ササの現存量の増加にともなって生育できる植物の種類や個体数は指数的に減少する（Ito and Hino 2007）．しかしながら，ササが生育していない裸地状態で

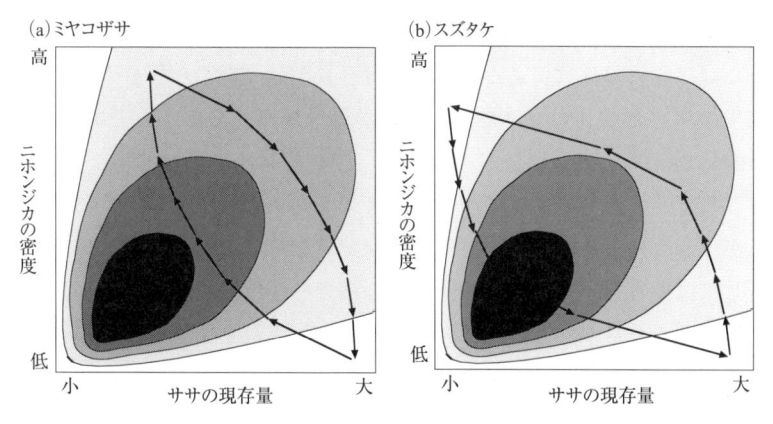

図7 ニホンジカの密度とササ現存量に基づく森林下層植物の種多様性の動態.
矢印はミヤコザサ (a) とスズタケ (b) のニホンジカ密度に対する変化を表す.

は，実生が草食獣にみつかって食べられやすくなったり，土が流されやすくなるために埋まったり倒れたりして死ぬ実生が増える（古澤ほか 2003; 横田 2006））．つまり，ササはまったくないよりはいくらかあるときに，樹種多様性は最大になるにちがいない．したがって，ササが生育できる環境では，ササの現存量を森林下層植物の種多様性の動態平衡モデルの図の横軸に位置づけることができる．

　このように，シカの密度を縦軸にササの現存量を横軸にした動態平衡モデルを作ることができる（図7）．Huston のモデルと違うのは，この二つの変数が互いに密接な相互作用をもつことである．つまり，ササはシカの重要な餌資源であるために，シカとササの両者が存在するところでは，シカの密度とササの現存量のあいだには負の関係がある．そのような環境は図の左上から右下にかけての平面上に位置している．図の左下かどに位置づけられるのは，ササを含めて下層植物がほとんどないためにシカが生息できないような環境である．図の右上に位置づけられる場所，すなわち，ササの現存量とシカの密度の両方が高い値を示す場所を想定するのは難しい．ササの現存量が多い場所に周辺域からシカが侵入してきて高密度になるという状態は一時的にはあるとしても，採食によってササの現存量が減少するのは時間の問題であろう．シカとササはそれぞれある程度共存する場合に樹種多様性が高ま

ることは上述したが，それはシカとササの相互作用からも裏づけられる．なぜならば，シカの採食によってササの現存量が低く抑えられることで，樹木の実生の生存と成長が促進され，樹種多様性が高くなるからである（Ito and Hino 2006, 2007）．

ところで，大台ヶ原にはミヤコザサとスズタケの2種類のササが生育しているが，シカによる採食の影響は両種間で異なる．ミヤコザサは発芽点が地中もしくは地表近くにあるため，シカの採食を受けても発芽することができる．丈が低くなるが，そのぶん発芽点をふやし程数をふやすことで群落を維持することができる．一方，スズタケは発芽点が上部にあるため，シカの採食を受けると個体群を維持できなくなり，消失してしまう．さらに，ミヤコザサの葉の寿命は1年であるのに対してスズタケの葉の寿命は数年である．このため，ミヤコザサの方が窒素含量の高い新しい葉の割合が高くなるので，シカに好んで食べられる（菊池ほか1984）．このシカによる選好性の違いは，密度の変化にともなう現存量の変化に影響を及ぼす．大台ヶ原では，1970年から1980年にかけてシカが急激に増加して現在の個体数のレベルにまで達したと考えられ，それは針葉樹の剥皮量の推移でも裏づけられている（丸山1984; Hino and Yoshino 未発表）．1982年からは定期的に区画法によるシカの個体数調査が行われており，その値は1 ha あたり0.2〜0.3頭と安定しているが，1990年代半ばに0.3頭の最高値を示している（環境省近畿地方環境事務所2007）．そのようなシカの密度の変化に対して，ミヤコザサはシカによる採食のために小型化して最大現存量の10分の1程度に抑えられてはいるものの，この20年のあいだに現存量の大きな変化はない（菊池ほか1984; Yokoyama and Shibata 1998; Ito and Hino 2006）．それに対して，スズタケは1990年代半ばに急激に消失したが，それまではシカの採食の影響はほとんどみられなかった．

このような状況証拠から，シカの密度がなんらかの外的要因によって増減したときに，それに反応してササの現存量がどのように変化するかを定性的に描くと，ミヤコザサとスズタケで異なるパターンが予想される（図7の矢印）．ミヤコザサは，シカが周辺域から侵入して密度を増加させると急激に現存量を減らすが，採食耐性を発揮することで，それ以上の現存量の減少が

抑えられ，群落も維持される（図7a）．それに対して，スズタケは1haあたり0.3頭程度の高密度になるまでは食べられないが，いったん食べられると，採食耐性がないために一気に現存量を減少させ，群落のほとんどが消失する（図7b）．さらに，シカの高密度状態から捕獲などによってシカの密度が逆に減少した場合の現存量の変化を描いてみよう．ミヤコザサは防鹿柵を作ると数年で現存量が最大値にまで回復することから（Ito and Hino 2006; Furusawa et al. 2005），シカの密度減少に対する現存量の急速な回復が予想される（図7a）．一方，スズタケは防鹿柵の中でもほとんど回復はみられていないことから，もとの状態に戻るには相当の期間を要すると予想される（図7b）．場合によっては，50年から100年に1度といわれている一斉開花が起こるまで回復しないかもしれない．

(2) シカとササの相互作用に基づく森林再生

　このシカの密度とササの現存量を変数にした下層植物の種多様性の動態平衡モデルをもとに，高密度のシカの採食によって衰退の著しい大台ヶ原の森林を再生させるための生態系管理手法について考えてみよう．そのためには，人工林管理のゾーニングと同様に，立地環境に応じた生態系管理が必要である．大台ヶ原の現在の森林の潜在植生として主要なのは，トウヒ－コケ群落，ブナ－ミヤコザサ群落，ブナ－スズタケ群落の三つである（環境省近畿地方環境事務所2005）．ところが現在では，トウヒ－コケ群落の林床はミヤコザサに覆いつくされてコケは衰退している．トウヒの更新が見られないばかりか，シカの剥皮によって枯死木が目立ち，場所によってはササの草原化が進行している．ブナ－ミヤコザサ群落では，ミヤコザサの地上部の現存量がシカの採食によって低く抑えられているものの，樹木の更新もまたシカの採食によって進んでいない．ブナ－スズタケ群落では，スズタケは沢筋の一部を除いて消失しており，ここでもシカの採食によって樹木の更新は進んでいない．これらの三つの群落の現在の位置を動態平衡モデルで示すと，図8の▲の位置になると考えられる．

　いずれの群落でもシカの採食によって天然更新が進んでいないと考えられるので，森林再生のためにはまずシカの密度を減らさなければいけない．環

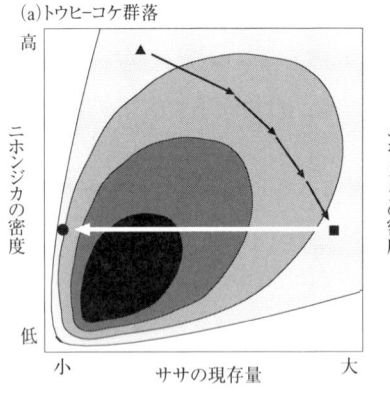

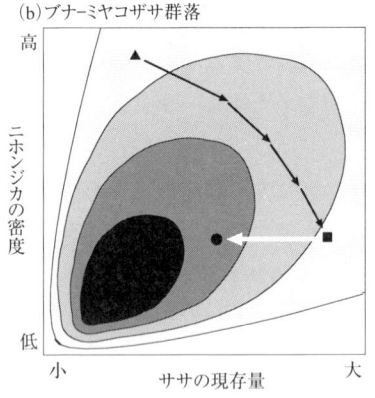

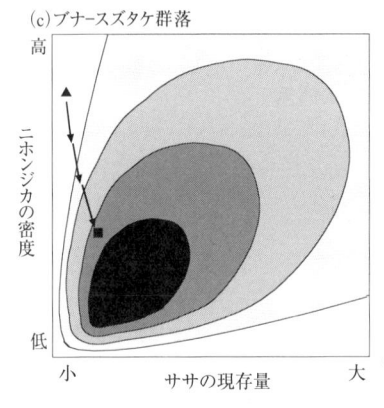

図8 大台ヶ原の三つの異なる植生群落．
(a) トウヒ−コケ群落，(b) ブナ−ミヤコザサ群落，(c) ブナ−スズタケ群落におけるニホンジカの密度とササの現存量に基づく森林再生．▲は現在の位置，■はニホンジカの個体数を減らしたときに予想される位置，●はササ現存量を減らすことによって導かれる再生の目標とする位置．

境省によって進められている保護管理計画では，現在 1ha あたり 0.2 〜 0.3 頭近くいるシカをとりあえず 1ha あたり 0.1 頭にまで減らすのが当面の目標である（環境省近畿地方環境事務所 2007）．この密度が適当かどうかは，自然再生の目標としている天然更新により後継樹の生育が可能となる状態が達成されるかどうかで決まり，そのためには継続的なモニタリングが必要である．ここではシカの適正密度については議論しない．シカの密度を減らすことによって生じる下層植生の変化を予想することで，森林再生のための方策について考える．

　潜在植生の主要 3 群落のうち，再生のために手を施す必要がもっとも少なくてすむのはブナ−スズタケ群落であろう．この群落では，スズタケがほと

んど死滅状態にあるため，シカの個体数が仮に3分の1に減ったとしても現存量の回復は当分見込めない．この状態でシカの密度が減少すれば，ブナをはじめとする広葉樹は天然更新によって急速に回復することが期待されるので，この群落ではシカの密度を調整する以外には，植生に対する対策を特別に講じる必要はない（図8c）．それに対して，ミヤコザサが現在林床を優占している他の二つの群落では，森林植生に対してもなんらかの対策が必要になってくる．なぜならば，シカの採食によって現存量を抑えられているミヤコザサが，シカの密度の減少後に現存量を急速に回復させることが予想されるからである．つまり，シカによる採食の影響がなくなったとしても，今度はササの影響によって植物は生育できず，多様性が低い状態は変わらないと予想される（図8a, b, ■）．したがって，ブナ−ミヤコザサ群落では，ササの刈り取りなどによって回復してくるササの現存量を樹木が更新できるレベルにまで減らす必要がある（図8b, ●; 日野ほか 2003; Ito and Hino 2007）．もっとも困難なのが，トウヒ−コケ群落の再生である．これを目標とするのであれば，コケが林床に残されているわずかな場所はいま以上にミヤコザサが侵入しないように保護し，ミヤコザサが侵入しているところではミヤコザサの根絶が望ましい（すなわち，ブナ−ミヤコザサ群落で目標とする立地環境よりもさらに左のレベルの立地環境に誘導する必要がある; 図8a, ●）．さらに，トウヒが樹冠木として存在するところではミヤコザサを根絶するだけでなく，倒木更新に必要な倒木の付加やコケの再生によって発芽環境を改善し，トウヒが消失しているところでは，さらに播種や苗木を植栽するなどの積極的な再生努力が必要になるだろう．ミヤコザサが侵入しているところでは菌根形成のポテンシャルが低いことから，生育促進のために外菌根菌を接種した苗木を植えるなどの方法も考えられる．

　シカの密度調整を行う場合には，天然更新により後継樹の生育が可能となる状態が達成されるかどうかだけでなく，調整後の密度を支えるだけの環境収容力（すなわち，餌となる植物の年間生産量）があるかどうかを調べる必要がある．シカの密度を仮に目標の3分の1にできたとしても，環境収容力がそれを上回っていればシカは再び増加するだろうし，逆に環境収容力がそれを下回っていれば，植生の衰退を止めることはできないだろう．大台ヶ原に

おけるシカの主要な餌はミヤコザサである．この数十年間，シカの密度とミヤコザサの地上部の現存量に大きな変化はみられないので，ミヤコザサの年間の生産量とシカの年間採食量は釣り合っていると考えられる（実際にはブナ−スズタケ群落に進出してスズタケを食べはじめて消失させた数年間が個体数のピークであった可能性がある．その後，大台ヶ原内での個体数の変化は見られないが，周囲でシカの被害が見られるようになったことから，シカの個体群は分布拡大の途上と考えた方がよいかもしれない）．つまり，この状況下で，仮にシカの密度を3分の1に減らすことを目指すのであれば，その環境収容力に応じてミヤコザサが生育する場所の面積を減らす必要がある．上述したように，トウヒ−コケ群落の再生を目指すならば，その場所はミヤコザサの根絶による生育面積の削減を実施する最優先地域とすべきであろう．逆に，大台ヶ原にもともとミヤコザサ群落として存在している場所は残されなければならない．この群落だけで目標とするシカの頭数を支えることはおそらくできないので，ブナ−ミヤコザサ群落におけるミヤコザサの生育面積で環境収容力を調節することになるだろう．

(3) シカとササの相互作用と動物群集

森林の再生は，生息する動物群集を含む森林生態系の全体を再生するものでなければならない．どの動物群も種類によって選好する森林内の生息環境が違う．その例として，節足動物と鳥について，私たちがこれまで動物調査を行ってきた結果をもとに検討してみよう（図9）.

葉，花蜜，種子を食べる昆虫の中には同属の植物しか食べない種類もかなりいることから，植物の種多様性が高いほど多様な種類が生息することが期待される（Strong et al. 1984）．そのような条件は，動態平衡モデルでいえば，シカの密度とササの現存量がほどよく存在して樹種多様性が最大になるところであろう．そのような場所では，昆虫が豊富で多様なばかりでなく，天然更新によって低木層の発達も期待されるので，樹冠で餌をとったり巣を作ったりする鳥の種類は多くなるに違いない（MacArthur and MacArthur 1961; Hino 1985）.

森林生態系の物質循環に大きな役割を果たしているササラダニ，クマムシ，

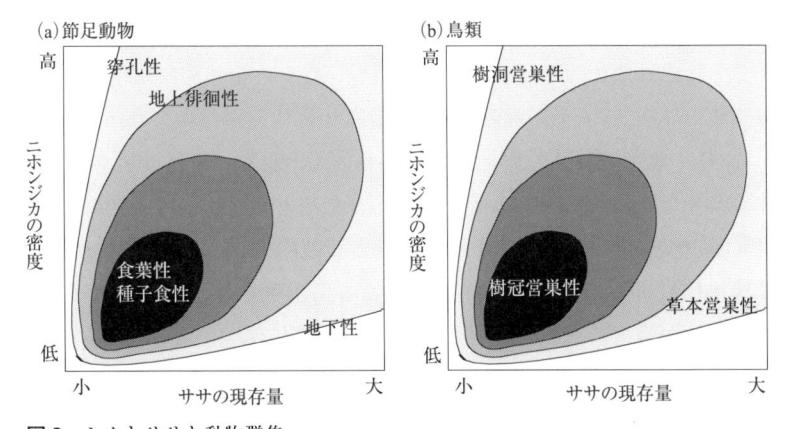

図9 シカとササと動物群集.
ニホンジカの密度とササの現存量の異なる環境において，(a) 節足動物と (b) 鳥のそれぞれのグループにおける種多様性が最大となることが予測される位置.

トビムシといった土壌中に生息する節足動物の多様性はササの現存量が多いところほど大きくなる（伊藤 2009）．地上部の現存量が大きいほど地表土壌へのリター（落葉落枝）の供給量も多くなり，土壌動物にとっての豊富な資源量や生息空間がもたらされると考えられるためだと考えられる．とくにミヤコザサは，林床を覆いつくすばかりでなく，ほぼ 1 年単位で葉と稈の生産と枯死を繰り返すので，シカの排除柵で現存量を回復させた場合のリター供給量は，同面積に生育する樹木全体のリターの供給量に匹敵する（Furusawa et al. unpublished）というから相当なものである．一方，土壌動物にとってシカは，踏圧によって生息空間をせばめられるため，数は少ない方が望ましいにちがいない．ササ群落を営巣あるいは採食場所として利用する鳥もまた，ササの密度がある程度高くないと生息できないが（Hino 2000, 2006），効率的な採食行動のためには，ササが密生しすぎない方がよい．ササ群落を同じように営巣や採食場所として利用するネズミの種類数も，ササの現存量が大きいところで多い（田中ほか 2006）．シカの密度増加にともなう下層植生の消失が，そのような場所を利用する鳥やネズミの多様性を低下させることは，海外でも報告されている（Casey and Hein 1983; Putman et al. 1989; DeGraaf et al 1991; Flowerdew and Ellwood 2001; Smit et al. 2001）．

地表を徘徊するオサムシ類やクモ類などの節足動物は，シカの排除柵でサ

サの現存量が回復した場所や，逆に刈り取りによってササの現存量の少ない場所でそれぞれ個体数を増加させる種類もいたが，全体的には現在の大台ヶ原のササの状態（すなわち対照区）で種類数と個体数が最大になっていた（上田ら 2009）．地表徘徊性の節足動物は移動能力が低いので，現在の大台ヶ原の林床環境を好む種類が多く捕獲されたのだと考えられる．またミヤコザサの地上部の現存量が多すぎると降雨遮断と蒸散作用によって，少なすぎると逆に裸地化による地表面からの蒸発によって土壌水分を減少させる．このため，ササが適度にあった方が土壌環境を湿潤に保つことができ（古澤ほか 2001），そのような環境を地表徘徊性の昆虫が何らかの理由で好んでいる可能性もある．シカの採食によって下層植生がまばらになった場所で，地上徘徊性の節足動物の多様性が増大することは，海外でも報告されている（Putman et al. 1989; Suominen et al. 2003）．

シカは，樹皮を環状に剥皮することによって枯らしてしまうが，このような枯死木にはキクイムシやカミキリムシなどの穿孔性の昆虫が多く住みついている（山上 1987; 柴田 2006）．また，枯死木に好んで巣を作ったり餌をとったりするキツツキ類の多様性も高くなる（Hino 2006）．さらに，キツツキによってあけられた穴は，シジュウカラ類をはじめとする多くの鳥やモモンガのような哺乳類によって，繁殖やねぐらのための巣穴として二次的に利用される（Kotaka and Matsuoka 2002）．シカの剥皮にともなう枯死木の増加が樹洞性の鳥の多様性を増加させることは，海外でも報告されている（Casey and Hein 1983）．ただし，シカの密度が高すぎると，シカによる剥皮で生息できる森林がなくなってしまうだろう．

まとめると，実際に調べられている動物群は限られているが，大きく分けて，①シカとササがほどよく存在して樹種多様性の高い場所，②シカが少なくてササが多い場所，③シカが多くてササが少なく枯死木の多い場所の 3 通りの植生が存在することで，それぞれ特有の動物相が形成されている．上述したように，ブナ―ミヤコザサ群落で再生目標となる植生は 1 番目のタイプである．この条件であれば，ほかの二つのタイプで多様性が最大となる動物群も，中程度の数の種類が生息できる．ブナ-スズタケ群落で将来的にスズタケが再生すれば，2 番目のタイプの場所も作ることできる．とはいえ，3

番目のタイプの場所を作ることは森林再生にはそぐわない．しかし，シカが一定密度で生息していれば，穿孔性の昆虫や樹洞営巣性の鳥が生息可能な程度の枯死木は一定量の剝皮によって生産されるにちがいない．

6 おわりに

　本章では，種多様性の動態平衡モデルをもとにして，生物群集の視点から，攪乱と生産性に基づく森林ゾーニング，草食獣よる採食や共生微生物を利用した森林管理，シカとササの相互作用に基づく森林再生などについて提案をいくつか試みた．現在のところ，その実現可能性を裏づける文献はほとんどなく，著者自身の定量的なデータもない．したがって，森林管理や林業現場からみれば現実的でない，研究者からみれば科学的でないという批判は免れないかもしれないが，新しい森林管理を考えていくうえでの議論のきっかけになればと期待している．

第3章

害虫管理の新展開
群集生態学の視点から

安田弘法

Key Word

害虫と天敵　害虫管理　種間相互作用
農業生態系　生物多様性

　近代農業は，化学肥料や化学農薬などに依存している．しかし，今日，これらの原料となる化石資源は枯渇しつつある．一方，化学農薬万能主義は，殺虫剤抵抗性，殺虫剤による害虫の誘導多発生，食品への農薬残留，野生生物への悪影響など，農薬による深刻な問題を生み出した．それゆえ，今後の農業は，化学肥料や化学農薬への依存度を減らす低投入持続型農業を目指して，新たな技術体系を創出しなければならない．そのためには，農業生態系を構成している生物間にはたらく相互作用を利用して害虫を管理し，農薬散布量を軽減させる農業技術を確立することが必要である．生物間相互作用の解明を中心的課題として発展してきた群集生態学の研究が，農業技術の発展にどう貢献できるのかを示すことは，低投入持続型農業の実現に大きく役立つ．ここでは，害虫と天敵の相互作用や，作物・害虫・天敵の相互作用など，低投入持続型農業での害虫管理の基幹である，生物種間相互作用に関する群集生態学の最近の知見を紹介する．そして，種間相互作用に基づいた害虫管理について考えたい．

1 はじめに

人類は，農耕生活をはじめて以来，多くの害虫による被害に悩まされ，その軽減のために害虫と戦ってきた．害虫の防除方法としては，化学農薬を用いて防除する化学的防除，捕食性や寄生性の節足動物および病原微生物などの天敵を用いて防除する生物的防除，害虫を機械的に捕らえることや光線などを用いて誘殺する機械的・物理的防除，作物の栽培方法や品種の適切な選択により害虫の定着や生存を抑制する耕種的防除などがある（斎藤ら1986）．このように害虫を防除する方法は多様であるが，第2次世界大戦以前は，害虫を顕著に減少させるほど効果的な防除方法は少なかった（深谷1973）．第2次世界大戦後，有機リン剤や有機塩素剤系の合成殺虫剤が開発され，殺虫剤全盛時代をむかえる．これらの農薬は，その卓越した防除効果により，作物の生産性を飛躍的に高めた．一方で，農薬はさまざまな害虫に対して強い殺虫力をもっているので，「消毒」と称してあらゆる害虫を撲滅するために使用された．その結果，殺虫剤抵抗性（resistance），殺虫剤による害虫の誘導多発生（resurgence），食品への農薬残留（residue），野生生物への悪影響（razing of wild life）など，農薬による4Rとよばれる新たな問題が生じることになった（中筋1997）．

このような農薬万能主義への反省から，1960年代後半には「あらゆる適切な害虫防除技術を相互に矛盾なく利用し，経済的被害が生じるレベル以下に害虫個体群を抑え，低密度レベルに維持させる害虫管理システム」として，総合防除（integrated control）という考え方が提唱された（FAO 1966）．その後，1970年代に入り，総合防除の用語は，総合的害虫管理（IPM: integrated pest management）の用語に置き代わった．総合的害虫管理は，天敵など自然制御要因のはたらきを基幹としている（中筋1997）．そのため，天敵が害虫を抑制する種間相互作用を解明し，それを効率的に利用することが総合的害虫管理においてもっとも重要である．

戦後の近代農業は，化学肥料や化学農薬の多用により発展してきた．しかし，それらへの過度な依存により，農地の再利用が困難になりつつある．こ

のような状況により，農業の持続性は損なわれ，将来の食料生産さえも危惧されている（中筋 1997 など）．さらに，化学肥料や化学農薬の原料となる化石資源は枯渇しつつあり，それに依存する割合を低くした，新たな技術体系を創出することが求められている．このような新たな農業形態として，低投入持続型農業（low energy input sustainable agriculture）が考えられている（たとえば，関口 1996）．この実現には農業生態系の生物の機能を多面的に理解し，生物間にはたらく相互作用を利用した，害虫管理方法を確立することが重要である．

　本章では，群集生態学の最近の知見を紹介し，これらの研究成果が低投入持続型農業での害虫管理の新展開に，どのように貢献できるか考えてみたい．それゆえ，害虫管理に関する従来の研究の紹介は最小限にとどめ，最近の群集生態学の知見を中心に，低投入持続型農業の基幹である生物種間相互作用の害虫管理への応用について考えることとした．まず，これまでの害虫防除について簡単に紹介し，つぎに，害虫と天敵の相互作用に触れ，作物・害虫・天敵の多面的な相互作用を概説する．そして，群集生態学の最近の知見を活かした害虫管理について述べたい．最後に，農業生態系での生物多様性の役割，および群集生態学と応用生態学との連携について考える．

2　第 2 次世界大戦以降の害虫防除

　わが国で生じた飢饉の歴史を振り返ると，害虫の被害による米の減収を引き起こした例も少なくない（深谷 1973）．農作物に対する害虫の被害を軽減するため，これまでいろいろな工夫がなされてきた．ここでは，第 2 次世界大戦以降の害虫被害の軽減に貢献した化学的防除と，それがもたらした諸問題に対する反省にたって提唱された総合的害虫管理について紹介する．害虫防除の歴史や化学的防除の功罪については，すでに多くの書籍のなかで紹介されているので，それらを参照されたい（たとえば，深谷 1973; 中筋 1997; 桐谷 2004）．

(1) 農薬万能時代と農薬により生じた問題

1938年,スイスのP・ミュラー(Paul Müller)によるDDTの発見以来,同じ有機塩素系殺虫剤,有機リン系殺虫剤,ピレスロイド系殺虫剤など,多くの有機合成農薬が開発され,殺虫剤全盛時代をむかえた.第2次世界大戦以降,化学農薬は近代農業技術として画期的な役割を果たし,合成殺虫剤による害虫防除は急速に広まり,害虫防除は有機合成農薬に依存する防除体系となった(斎藤ら1986).これらの農薬は,その卓越した防除効果により,作物の安定した生産に貢献した.しかし,農薬はさまざまな害虫に対して強い殺虫力を発揮し,「消毒」と称してあらゆる害虫を完全に撲滅することを目指して使用されたため,前述した農薬による4Rを含めた多くの問題を生じさせた.

(2) 総合的害虫管理

農薬万能主義がもたらしたこれらの問題に対する反省から,1960年代後半には総合防除の考え方が提唱された.この目的は,害虫を根絶することではなく,低密度に管理することが特徴である(巌・桐谷1973).

このような総合防除の可能性を検討するため,畑作物の重要害虫であるハスモンヨトウ(*Spodoptera litura*)の総合防除実験が行われた(中筋ら1973;桐谷・中筋1973).ここでは,ハスモンヨトウに忌避効果のある薬剤を散布し,雑草を刈り残してサトイモの根の周辺にムシロを敷いた総合防除区,通常栽培に従い実験区を裸地とし,殺虫剤を散布した通常防除区,実験区を裸地とし,ムシロを敷き殺虫剤を散布しない無防除区で調査が行われた.その結果,総合防除区では,ハスモンヨトウの幼虫数は低く抑えられ,捕食性天敵が多くなった.そしてサトイモの収量は,他の2区より総合防除区で多く,捕食性天敵と忌避剤の複合的な利用により,害虫を効率的に防除できることが示された.これは,天敵が生息しやすい環境を作ることで天敵を維持し,効果的に害虫を防除できることを示した好例である.この試みは,総合防除の実現には,農業生態系において生物の多様性を維持する必要性を明らかにしている.しかし,このような農業生態系の生物多様性を活用した防除法が

広く受け入れられるようになったのは，1980年代以降になってからである．

すでに述べたように，1970年代以降は，総合防除の用語に代わって総合的害虫管理の用語が定着した．総合的害虫管理は，天敵などの生物のはたらきを主要な害虫の制御要因と考える．そして，そのはたらきが不十分なときに，化学的防除方法などを補助的に用いて害虫を管理する方法のことである．このように，複数の防除法を組み合わせて害虫を管理することから，総合的害虫管理とよばれている（中筋1997）．

ナスの重要害虫であるミナミキイロアザミウマ（*Thrips palmi*）を天敵と選択性殺虫剤を用いて，総合的に管理する手法を開発するための実験が行われた（永井1994）．実験に使われたナス畑には，ミナミキイロアザミウマ以外に捕食性天敵のナミヒメハナカメムシ（*Orius sauteri*）と，被害を与えない土着性のアザミウマが生息している．この圃場実験では，選択性のない殺虫剤を散布する通常防除区と，天敵には影響が少ない選択性殺虫剤を散布する総合的害虫管理区（以下，総合区）が設けられた．そして，ミナミキイロアザミウマの被害果が10%以上になると殺虫剤を散布したことから，殺虫剤の散布回数は，通常防除区で15回であったのに対して，総合区ではわずか2回に減らすことができた．その結果，総合区では害虫のミナミキイロアザミウマは少なくなり，被害を与えない土着性のアザミウマと天敵が増え，通常防除区ではその逆の傾向となった（図1）．また，ナス果実の被害率は総合区で通常防除区の3分の1に軽減された．この圃場実験の結果をもとに，農家の畑で試験が行われ，総合区では3回の選択性殺虫剤を散布し，被害果実がほとんどなかったのに対して，通常防除区では10回の殺虫剤散布でも被害果実の割合は低下しなかった．このように，農家の路地ナス畑でも総合的害虫管理が可能であることが実証された．この永井の一連の研究は，ミナミキイロアザミウマの総合的害虫管理の技術が，実用レベルまで進んだ数少ない研究の一つである．しかし，その後，ナスの株元に穴を掘り，そこに農薬を処理する粒剤タイプの殺虫剤が開発され，これは，ミナミキイロアザミウマなどの吸汁性害虫を長期にわたり抑制することから，ミナミキイロアザミウマに対する総合的害虫管理の技術はあまり普及しなかった（中筋1997）．

日本では，1960年代後半から，総合防除やさらに進んだ総合的害虫管理

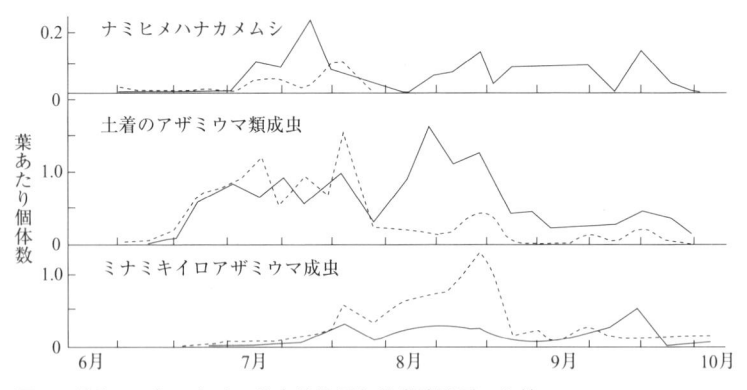

図1 露地ナス畑における総合防除区と通常防除区の比較.
土着のアザミウマと害虫のキイロアザミウマ及び天敵のナミヒメハナカメムシの成虫個体数. 実線は総合防除区を, 破線は通常防除区での個体数を示す. 永井 (1994) を改変.

の考え方が提唱されたが, 広く受け入れられるようになったのは, 1980年代後半になってからである (桐谷2004) ことは, すでに述べたとおりである. そして, 現在でも一部の先進的農家や営農集団を除いては, その実行はまだ模索段階である. 総合的害虫管理の実施には, ①農家が害虫と天敵を識別するようになること, ②自分の圃場で調査すること, ③各種の防除手段が使えること, ④農薬以外の手法を活用し, 害虫が経済的被害をもたらすときにのみ農薬を使用することが必要である (桐谷2004). しかし, これらの条件に対応できる農家が少ないことが, 普及の進まない原因の一つになっている.

従来の害虫管理の問題として, ①農薬の多用に起因する諸問題, ②総合的害虫管理マニュアルの普及の遅滞, ③複数種の害虫を対象とした総合的害虫管理の実践例の少なさ, ④害虫と天敵の相互作用の重要性に関する理解不足などが挙げられる. 今後の害虫管理では, 低投入持続型農業の観点から, 総合的害虫管理の多面的な研究とその普及が必要である. そこで, つぎに総合的害虫管理において重要となる, 害虫と天敵の相互作用について概説する.

3 害虫と天敵の相互作用

　従来の天敵による害虫管理では，1種の主要害虫を1種の効率的な天敵で防除する，1対1の防除が多かった．たとえば，1888年にカリフォルニアの柑橘園に導入されたベダリアテントウ (*Rodalia cardinalis*) は，大発生したイセリアカイガラムシ (*Icerya purchasi*) の防除にめざましい効果を発揮した (Doutt 1964)．しかし，農業生態系では少数の害虫とその天敵という関係だけでなく，多種の害虫が多種の天敵と複雑な相互作用を形成している．ここでは，天敵の種間相互作用に影響を与える食性について述べ，天敵の種数の増加と害虫の抑制効果や害虫間の見かけの競争を紹介する．

(1) 天敵の食性とギルド内捕食

　昆虫は食性により肉食者 (carnivore)，植食者 (herbivore)，腐食者 (scavenger)，雑食者 (omnivore) に大別できる．雑食性とは，広義には二つ以上の栄養段階に属する餌生物を摂食する生物と定義される (Agrawal 2003)．また，餌となる生物の種類が，単一の場合を単食性 (monophagy)，少数の場合を狭食性 (oligophagy)，多数の場合を広食性 (polyphagy) とよんで区別している (斎藤ら 1986)．天敵には，大別すると二つのグループがある．一つは，アブラムシを捕食するテントウムシのような捕食性天敵である．もう一つは，寄生蜂のようにアブラムシの体内に産卵し，ふ化幼虫はそこで生活し，最終的にはアブラムシを殺して成虫が出現する，捕食寄生性天敵である．捕食性天敵では，発育段階によって食性が異なる種もいる．たとえば，アブラムシの捕食者であるナナホシテントウ (*Coccinella septempunctata*) は，成虫も幼虫もアブラムシを餌とする肉食者であるが，ホソヒラタアブ (*Episyrphus balteatus*) の幼虫はアブラムシを捕食し，成虫は花粉を餌とする雑食者である．また，種によって食性の幅が異なることも多い．たとえば，ナナホシテントウは，アブラムシを餌とする狭食性捕食者であるが，ナミテントウ (*Harmonia axyridis*) は，アブラムシ以外にも他種の捕食性テントウムシの幼虫やクモなども捕食する，広食性捕食者である (Sato 2001)．

最近，このような天敵の食性の違いが，天敵間の種間相互作用を介して天敵を減少させ，害虫の抑制に影響を与えることが，明らかにされている．そのなかでも，捕食者の種間捕食であるギルド内捕食 (intraguild predation) は，捕食者を減少させ，害虫を増加させることから，害虫管理において考慮すべき種間相互作用である．このギルド内捕食は，多くの捕食性の節足動物で報告されている (Polis et al.1989; Rosenheim et al. 1993,1999; Rosenheim 2001)．

　これまでの害虫管理に関する研究では，雑食性捕食者はあまり注目されなかった．しかし，最近の研究では，雑食性捕食者は多くの分類群で広く見られ，天敵としても注目されつつある (Eubanks 2005)．雑食性昆虫には二つのタイプがあり，それらは，発育段階によって食性が変化する種 (life-history omnivore) と，生涯をとおして雑食性の種 (life-long omnivore) である．たとえば，前述したように，ホソヒラタアブの幼虫は肉食者であるが，成虫は植食者となる．一方，オオメカメムシ (*Geocoris punctipes*) は，成虫も幼虫も植食性と肉食性の両方の食性をもつ (Eubanks and Styrsky 2005)．オオメカメムシは，リママメ (*Phaseolus lunatus*) の葉やサヤを摂食するだけでなく，ガの卵やアブラムシも捕食する．リママメのサヤはこのカメムシには好適な餌で，幼虫期の生存率を高めることがわかっている (Eubanks and Denno 1999)．アブラムシやガの卵数の抑制に及ぼすオオメカメムシの影響が，野外実験で明らかにされた (Eubanks and Denno 1999)．それによると，オオメカメムシの好適な餌であるサヤが多い場所では，少ない場所に比べてオオメカメムシが多く，アブラムシやガの卵数は有意に少ないことがわかった．この結果は，雑食性捕食者は害虫を抑制し，それは植物の量に依存することを示唆している．

(2) 天敵の種数と害虫の抑制効果

　天敵の種数と害虫の抑制効果の関係は，「害虫の生物的防除を1種の天敵で行うか，多種の天敵で行うか」という問題として古くから議論されてきた (たとえば，広瀬 1984)．天敵の種数の増加が，害虫の抑制に及ぼす影響を説明する仮説として，緑の世界仮説 (green world hypothesis)，雑食性捕食者仮説 (trophic-level omnivory hypothesis)，天敵仮説 (enemies hypothesis) の三つがある (図2; Snyder et al. 2005)．緑の世界仮説では，天敵は害虫を抑制するが，天

第3章　害虫管理の新展開

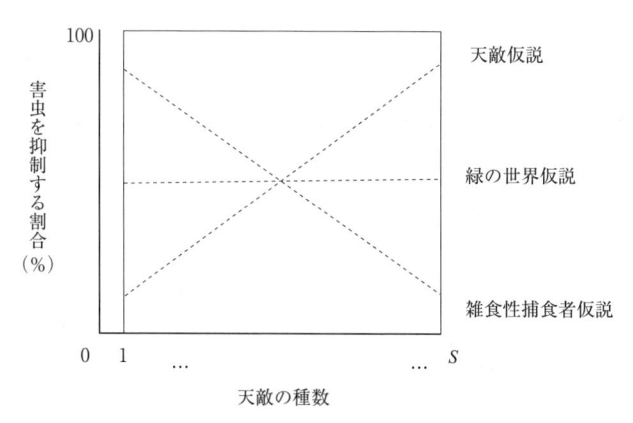

図2　天敵の種数と害虫の抑制についての仮説.
Snyder et al.（2005）を改変.

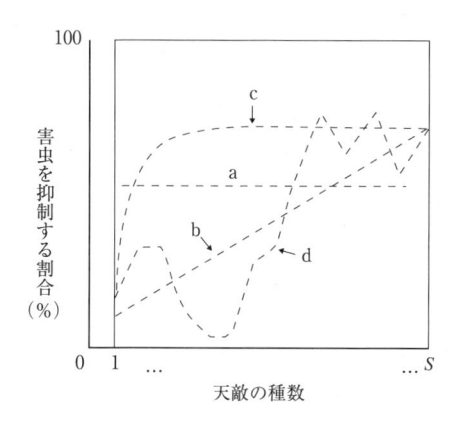

図3　天敵の種数と害虫を抑制する効果との関係.
a：抑制効果は一定，b：抑制効果が増加，c：抑制効果は増加し，その後に一定．
d：抑制効果は変化．Snyder et al.（2005）を改変.

敵の種数の増加にかかわらず，害虫を抑制する割合は一定である（Hairston et al. 1960; Hairston and Hairston 1993）．一方，雑食性捕食者仮説では，雑食性捕食者の種数が増加すると，ギルド内捕食などにより害虫抑制効果は低下する（Polis 1991）．さらに，天敵仮説では，天敵の種数が増加すると，害虫抑制効果は増加する（Root 1973）．Snyder et al.（2005）は，これらの仮説を発展させ，天敵の種数の増加が害虫の抑制に果たす役割をまとめた．それによると，①

天敵の種数が増えても害虫の抑制効果は一定である場合（図3のa），②複数の天敵がそれぞれ独立に害虫を抑制し，天敵の種数の増加で害虫の抑制効果が増加する場合（図3のb），③天敵が害虫を効率的に抑制する最適な天敵種数は決まっており，それ以上の種数の増加は害虫を抑制しない場合（図3のc），④害虫の抑制効果は，複数の天敵構成種の相加的および非相加的な種間相互作用の組み合わせにより，一定，促進，抑制となる場合（図3のd）が示されている．さらに，この四つの仮説のうち，天敵の多様性が高い農業生態系では，ある種の天敵は他種と重複した機能的な役割を果たす結果，害虫抑制効果は，天敵の種数が増加すると頭打ちとなる可能性があるが（図3のc），天敵の多様性が低いところでは，天敵間に正と負の両方の相互作用が生じ，図3のdの関係になる可能性が示されている（Snyder et al.2005）．後述するように，これまでの野外実験の結果では，図3のdの関係を支持する報告が多い．

複数種の天敵が害虫の抑制に及ぼす相互作用は，相加的効果と非相加的効果に分けられる．非相加的効果には，2種の天敵が協同して害虫の死亡率が相加的効果より高くなる場合と，逆にギルド内捕食などにより低くなる場合がある（図4）．

2種の天敵が協同した結果，害虫の死亡率が高くなる例として，アルファルファ（*Medicago sativa*）畑でエンドウヒゲナガアブラムシ（*Acyrthosiphon pisum*）を捕食するナナホシテントウと地上徘徊性のゴミムシ（*Harpalus pennsylvanicus*）が，アブラムシの抑制に及ぼす相互作用がある（Losey and Denno 1998）．この研究では，植物上でアブラムシを捕食するナナホシテントウが，アブラムシを植物から落下させ，それを地上のゴミムシが捕食することが明らかにされた．この相互作用により，2種の捕食者が単独で捕食するより，一緒に捕食する方が捕食効率が高まることが示された．

非相加的効果の一つにギルド内捕食がある（図4E；本シリーズ第3巻参照）．ギルド内捕食は，餌密度，攻撃性の強さ，食性の広さ，発育の違い，体サイズの差などにより影響を受ける（Lucas et al. 1998; Hindayana et al. 2001; Rosenheim et al. 1993,1999）．たとえば，捕食性テントウムシでは，餌が減少した場合や体サイズの違いが大きい場合，攻撃性の高い種がいる場合にギル

第3章 害虫管理の新展開

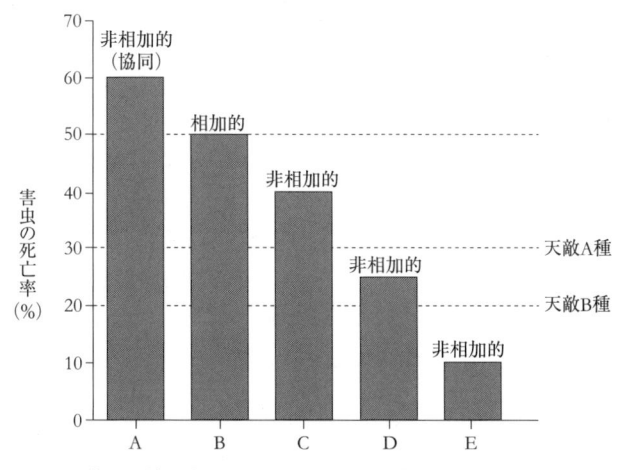

図4 2種の天敵が害虫の死亡率に及ぼす影響.
A: 2種の天敵が害虫に及ぼす死亡率はそれぞれの和より高くなる. B: 2種の天敵が害虫に及ぼす死亡率はそれぞれの和と同じになる. C: 天敵AおよびBの単独より死亡率は高くなる. D: 天敵Aの単独より死亡率は低いがBの単独より死亡率は高くなる. E: 天敵AおよびBの単独より死亡率は低くなる. Ferguson and Stiling (1996) を改変.

ド内捕食が起こる．他種のテントウムシの幼虫を捕食するナミテントウは（Yasuda and Ohnuma 1999; Yasuda et al. 2001, 2004），アブラムシ捕食者ギルドの上位捕食者であり（Dixon 2000），そのギルドの種構成を決めている種でもある（梶田 2002; 櫛渕 2006）．また，カリフォルニア州のワタ園にはワタアブラムシ（*Aphis gossypii*）が発生し，この捕食者としてクサカゲロウ（*Chrysoperla carnea*）のほかに，4種の捕食性カメムシ（*Zelus renardii, Nabis* sp., *Geocoris* sp., *Orius tristicolor*）が生息している．この捕食性カメムシはワタアブラムシを餌とするが，クサカゲロウも捕食するので（図5A），ギルド内捕食があるとアブラムシの増殖率が高くなる（図5B）．この結果から，捕食性カメムシによるギルド内捕食は，クサカゲロウとアブラムシの個体数の決定に重要な役割を果たすと考えられている（Rosenheim et al. 1993, 1999; Rosenheim 2001）．

最近，アブラムシを餌とする複数種の天敵の相加的および非相加的な相互作用が明らかにされている．Snyder and Ives（2001）は，エンドウヒゲナガアブラムシを餌とする捕食性ゴミムシ（*Pterostichus melanarius*）とアブラムシの寄生蜂（*Aphidius ervi*）の研究を行い，ゴミムシはアブラムシを捕食するだけ

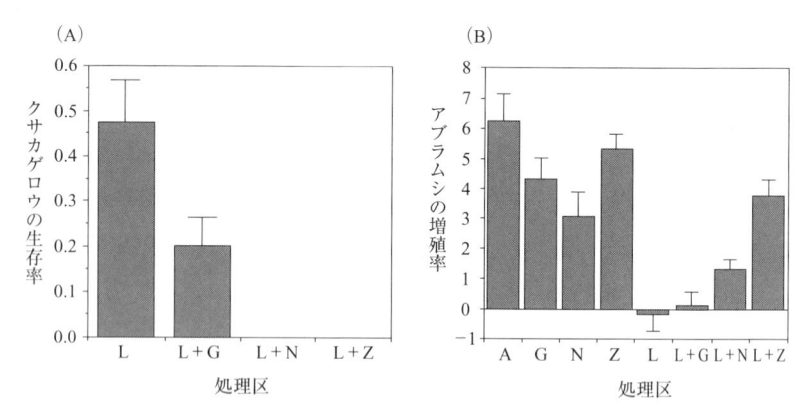

図5 クサカゲロウの幼虫が単独でいる場合と捕食性カメムシと共存する場合.
(A) クサカゲロウの生存率と (B) アブラムシの増殖率. L: クサカゲロウ,G,N,Z: カメムシ,A: アブラムシ. Rosenheim et al. (1993) を改変.

でなく,アブラムシに寄生した寄生蜂も捕食する,ギルド内捕食者であることを明らかにした.短期的に見るとゴミムシがアブラムシを捕食することにより,アブラムシは減少する.しかし,長期的に見ると,このギルド内捕食により寄生蜂が減少するため,アブラムシが増加することになり,非相加的な相互作用が生じていた.似たような天敵間の負の相互作用は,3種のテントウムシとエンドウヒゲナガアブラムシの相互作用の研究でも明らかになっている(Cardinale et al. 2006).

Straub and Snyder (2006) は,ワシントン州のジャガイモ畑で,生息場所や摂食様式の異なる捕食性カメムシ(*N. americoferus, N. alternotus, G. bullatus, G. allens*),ハナグモ(*Misumenops lepidus*),ゴミムシ(*H. pensylvanicus*),捕食性テントウムシ(*C. septempunctata, C. transversoguttata*),寄生蜂(*A. matricariae*)を用いた天敵単独区と,天敵を組み合わせた天敵混合区を設け,モモアカアブラムシ(*Myzus persicae*)の抑制への天敵の種数の増加が果たす役割を明らかにした.その結果,天敵の種数が異なる二つの処理区で,アブラムシの抑制効果に違いはなく,天敵の種数が増加すると天敵間で非相加的な負の相互作用が生じることが明らかになった.そして,彼らは,アブラムシの生物的防除では,天敵の種数を増やすより,捕食量の多い捕食者を利用した方が効果的であると結論づけている.一方,Snyder and Ives (2003) が,ウィスコンシン

州のアルファルファ畑で行った，複数種の捕食者とアブラムシの寄生蜂のエンドウヒゲナガアブラムシに対する抑制効果を調べた実験では，寄生蜂と捕食者の効果は相加的であった．それゆえ，彼らは，寄生蜂と複数の捕食者を含む多様な天敵群集が，生物的防除には有効であると結論づけている．

このように，複数天敵の効果は実験によって異なるが，これは天敵の組み合わせの違いによるものであろう．天敵の特性や種数の違いが種間相互作用の変化を介して害虫の抑制に影響することは，ヨーロッパの小麦，カリフォルニアのワタ，合衆国西部の野菜，アジアの水稲の害虫と複数の天敵の種間相互作用の研究でも報告されている (Snyder et al. 2005)．天敵の多様性が害虫抑制効果として発揮されるには，ギルド内捕食など天敵間に負の相互作用が生じないことが重要である．前述した地上徘徊性のゴミムシと植物上に生息するテントウムシの協同のように，複数天敵の生息場所が異なると天敵間に負の相互作用は生じにくく，害虫抑制に及ぼす天敵の多様性の効果は発揮されやすい．

(3) 天敵を介した害虫間の見かけの競争

複数の害虫間で直接的な競争が起こらなくても，共通の捕食者を介して，間接的に害虫間に負の関係が生じることがある．これは見かけの競争 (apparent competition) とよばれている (Holt 1977; 本シリーズ第 3 巻参照)．

複数種の害虫と天敵との関係では，見かけの競争により，ある害虫が他の害虫に負の影響を与える場合と，逆に，他の害虫に正の影響を与える場合とがある．正の影響を与える場合は，「見かけの競争」に対して「見かけの相利り」とよばれている (本シリーズ第 3 巻参照)．たとえば，天敵が害虫 A に選好性があり，それを集中して捕食する結果，害虫 B が増加する場合である．一方，負の影響を与える場合は，天敵が害虫 A を捕食し，その結果，天敵の密度が増加し，害虫 A が減少して，害虫 B を捕食し，個体数が減少する場合である．ユタ州のアルファルファ畑には，害虫としてエンドウヒゲナガアブラムシとアルファルファゾウムシ (*Hypera postica*) が生息しており，天敵としてゾウムシには寄生蜂 (*Bathyplectes curculionis*) が，アブラムシにはナナホシテントウがいる．Evans and England (1996) は，天敵を介した害虫間の

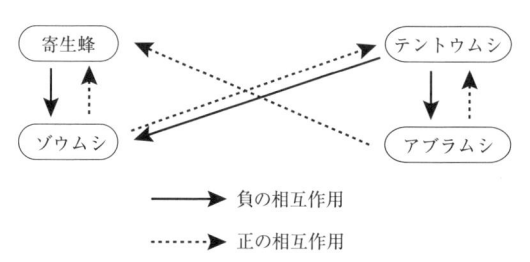

図6 害虫と天敵の直接および間接の種間相互作用.
ユタ州のアルファルファ畑におけるアブラムシとその捕食性テントウムシおよびゾウムシとその寄生蜂.（1）寄生蜂はアブラムシが分泌する甘露を餌とし,アブラムシが多いとゾウムシに対する寄生率が高くなる.（2）アブラムシが多いとテントウムシも増加し,テントウムシはゾウムシ幼虫を捕食するのでゾウムシの生存率は低下する.（3）テントウムシがアブラムシを捕食すると,寄生蜂の餌が減少し,寄生蜂の個体数が減少し,それによりゾウムシに対する寄生率が低下する．Evans and England（1996）を改変.

直接および間接的な相互作用を見出した．ゾウムシとアブラムシは餌をめぐる競争関係にはないが，アブラムシが増加するとテントウムシも増加する．このテントウムシはゾウムシの幼虫も捕食するので，アブラムシとゾウムシのあいだに見かけの競争が生じ，アブラムシが増加するとゾウムシは減少する（図6）．さらに，寄生蜂はアブラムシの甘露を餌とするので，アブラムシが増加すると寄生蜂も増加し，寄生蜂がゾウムシに寄生する割合が高くなる．また，テントウムシがアブラムシを捕食すると，寄生蜂は餌の甘露が少なくなり，個体数が減少し，ゾウムシの寄生率は低下する，という複雑な種間相互作用が生じている．

このような見かけの競争は，2種のアブラムシとその捕食性テントウムシの相互作用でも生じている．Müller and Godfray（1997）は，英国のシルウッドパーク（Silwood Park）で，ナナホシテントウによる見かけの競争を明らかにしている．この場所では，イラクサの一種（*Urtica dioica*）とオオスズメノテッポウ（*Alopecurus pratensis*）などイネ科の雑草の2種の植物群落が近接し，1種のアブラムシが増加すると，その植物上にナナホシテントウの成虫が誘引され産卵が集中した．その結果，ふ化した幼虫はアブラムシを捕食し，その群落でアブラムシの数が減少すると，隣接する植物群落に移動した．そして，そこにいる他種のアブラムシを減少させるという，2種のアブラムシへ

のナナホシテントウによる見かけの競争が示された．

　見かけの競争とは逆に，ある害虫が他の害虫に正の影響を与えて，害虫の個体数が増加する場合もある．Cardinale et al. (2003) は，2種の捕食性天敵 (*H. axyridis, Nabis* sp.) とアブラムシの寄生蜂 (*Aphidius ervi*)，およびエンドウヒゲナガアブラムシとマメアブラムシ (*A. craccivora*) の2種の相互作用を明らかにした．この寄生蜂は寄主特異性があり，ヒゲナガアブラムシを好んで寄生し，マメアブラムシにはほとんど寄生しない．捕食性天敵がいない場合には，マメアブラムシが増えると，寄生蜂によるエンドウヒゲナガアブラムシの寄生率が低下して，ヒゲナガアブラムシも増える，という正の相互作用が餌種のあいだに示された．この理由として，マメアブラムシが増加すると，そこで生息しているヒゲナガアブラムシがうすめ効果 (diffusion effect) によって発見されにくくなり，寄生率が低下したと推測されている．このような正の相互作用は，ジャガイモの害虫であるコロラドハムシ (*Leptinotarsa decemlineata*) とモモアカアブラムシ，およびそれを捕食する2種の捕食性カメムシの関係でも報告されている (Koss and Snyder 2005)．

　天敵と複数種の害虫の種間相互作用では，見かけの競争のように天敵を介して複数害虫の個体数が減少する負の効果と，逆に，増加する正の効果が示された．見かけの競争により複数害虫の個体数が減少する機構の解明は，応用的な側面からも興味深い．

4 作物と害虫と天敵の相互作用

　これまで，害虫と天敵との相互作用を紹介してきた．作物は，一方的に害虫に摂食されると考えられていたため，作物が害虫から受ける影響は受動的な関係と見なされてきた．ところが，最近では，作物は害虫に摂食されると，天敵を誘導する揮発性物質を放出し，害虫や天敵に能動的な反応をすることが明らかになってきた．また，土壌微生物も作物の生育を通して，害虫や天敵の相互作用に影響を及ぼすことが明らかになりつつある．ここでは，天敵と害虫の相互作用が作物に及ぼす影響や，作物が害虫と天敵の相互作用に及

ぼす影響を紹介したい．

(1) 天敵から作物への間接効果

ある種の他種に及ぼす影響が，第三種の生物を介して生じる場合，その効果を間接効果（indirect effect）という（Holt 1977; Abrams 1995; van Veen et al. 2006; 本シリーズ第3巻参照）．間接効果は，密度の変化を介した間接効果（DMIE: density-mediated indirect effect）と，行動・生理・形態など，個体の形質の変化を介した間接効果（TMIE: trait-mediated indirect effect）に分けることができる．天敵間の直接相互作用は，密度の変化や個体の形質の変化を介した間接効果を害虫に与える．

Schmitz and Suttle（2001）は，コネチカット州のエール大学演習林の草地で，採餌様式と生息場所が異なる3種のクモが，植食性のバッタ（*Melanoplus femurrubrum*）の行動と個体数の減少を介して，植物の摂食量に及ぼす間接効果を明らかにした．クモは植物の上部や花の直下に網を張る造網性のクモ（*Pisaurina mira*）と，植物の中ほどで生活し，待ち伏せて攻撃するハエトリグモの一種（*Phidippus rimator*），および地上徘徊性のコモリグモの一種（*Hogna rabida*）の3種である（図7）．この研究によると，植物の上部に生息する造網性のクモは，バッタの個体数を減少させないが，このクモがいるとイネ科雑草（*Poa pratensis*）上のバッタは，キク科草本（*Solidago rugosa*）に移動して摂食する．この結果，イネ科雑草では食害が少なくなり，バッタの行動の変化を介した正の間接効果が生じる．一方，キク科草本では，バッタの個体数が増加し，それにより摂食量が増えることで，負の間接効果が生じる．また，生息場所は変化させないが，バッタの個体数を減少させる地上徘徊性のクモは，イネ科雑草上に生息するバッタの個体数を減少させ，イネ科雑草には密度を介した正の間接効果を与える．植物の中ほどで生息するハエトリグモは，二つの植物上のバッタの個体数をもっとも減少させた．その結果，2種の植物上での食害量が低下し，これらの植物にバッタの密度の変化を介した正の間接効果を与える．

また，Finke and Denno（2004）は，ニュージャージー州の潮間帯にある湿地で，イネ科雑草（*Spartina* sp.）を餌とするウンカの一種（*Prokelisia* sp.），およ

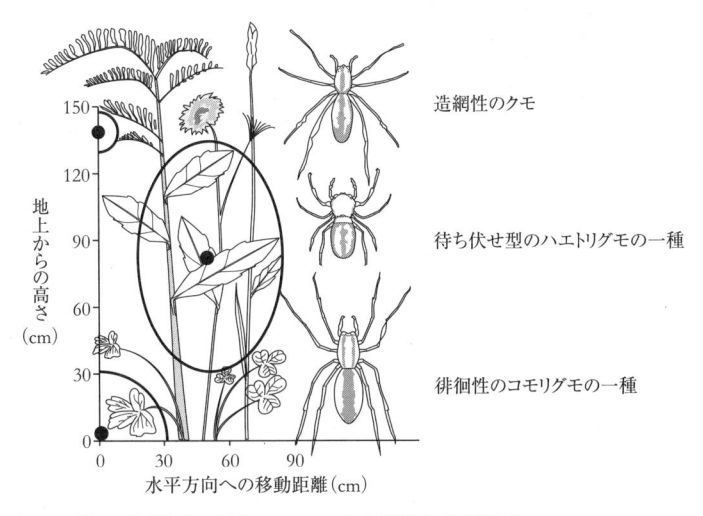

図7 3種の採餌様式の異なるクモの生息場所と移動距離.
Y軸の●は，生息場所の平均の高さを示し，X軸は1時間あたりの平均移動距離を示す．楕円の長径と短径は，それぞれの値の95%信頼限界．Schmitz and Suttle (2001) を改変．

びその天敵である2種の徘徊性のクモ（*Pardosa littoralis, Hogna modesta*），1種の造網性のクモ（*Grammonota trivitatta*），捕食性カメムシ（*Tytthus vagus*）の相互作用を調査し，これらの捕食者が植物の生産量に影響していることを明らかにした．捕食性カメムシ1種の場合はウンカが減少し，他種の捕食者がいない場合と比較して，植物の生産量は有意に増加する間接効果が示された．しかし，そこに3種のクモを付け加え，捕食者の種数を増加させると，クモによるギルド内捕食が生じ，捕食性カメムシが1種の場合よりウンカは増加した．その結果，植物の生産量は減少し，捕食者の種数の増加が，植食者を介する捕食者から植物への間接効果を低下させることが示された．一方，この間接効果とは逆に，作物とアブラムシおよび複数の天敵の相互作用では，捕食者の種数が増加すると，アブラムシが減少し，作物の収量が増加する間接効果が報告されている（Cardinale et al. 2003; Snyder et al. 2006）．

　これらの研究では，天敵の種数の増加が作物の収量に及ぼす間接効果が異なっていた．これは天敵の構成種によるギルド内捕食の程度に起因している．多様な天敵を含む害虫管理では，複数の天敵のギルド内捕食の可能性や

天敵の生息場所の利用様式を把握する必要がある.

このような個体数や行動の変化を介した間接効果は，2種のアブラムシと寄生蜂の相互作用においても見られている (van Veen et al. 2005). さらに，行動の変化を介した間接効果には，天敵に対する害虫の行動の変化だけでなく，上位捕食者が下位捕食者の行動の変化にも影響を及ぼす例もある.たとえば，上位捕食者のカマキリ (*Tenodera sinensis*) がいると，下位捕食者の2種のクモが生息地を去り，それらの餌種の個体数が増加することが明らかにされた (Moran and Hurd 1994).

野外では，捕食者による植食者の密度の変化や個体の形質の変化を介した間接効果が生じ，これは害虫の個体数の抑制にも大きな影響を与えている可能性がある．このため，天敵と害虫および天敵と天敵の相互作用を明らかにし，それを応用して害虫を管理する場合は，個体群および群集レベルの研究だけでなく，個体レベルの研究による直接および間接効果の実態を解明することが必要である.

(2) 作物と害虫と天敵の間接相互作用網

植物は植食者に摂食されると，アルカロイドやフェノールなどの二次代謝物質を生産し，植食者の摂食から化学的に防衛するだけでなく，トゲなどの形態的な変化を通じ物理的にも防衛する (Ohgushi 2007). このような植食者の摂食による植物の化学的および物理的変化は，その植物上で生息する，害虫や天敵の生存や発育に直接的および間接的な影響を及ぼしている．最近，このような植物の形質の変化を介した，種間相互作用網の研究が行われている (Ohgushi 2005). セイタカアワダチソウ (*Solidago altissima*) には，5月中旬から8月上旬にセイタカアワダチソウヒゲナガアブラムシ (*Uroleucon nigrotuberculatum*) とその甘露に誘引されるクロヤマアリ (*Formica japonica*)，ツマグロヨコバイ (*Nephotettix cincticeps*)，鱗翅目 (チョウ目) の幼虫が生息している (図8). この研究では，クロヤマアリがいると，ヨコバイと鱗翅目の幼虫の数が8分の1に減少したことから，アブラムシはクロヤマアリを通して，これらの植食者に負の間接効果を与えていることが明らかにされた (Ohgushi 2007). さらに，初夏にアブラムシがセイタカアワダチソウを吸汁

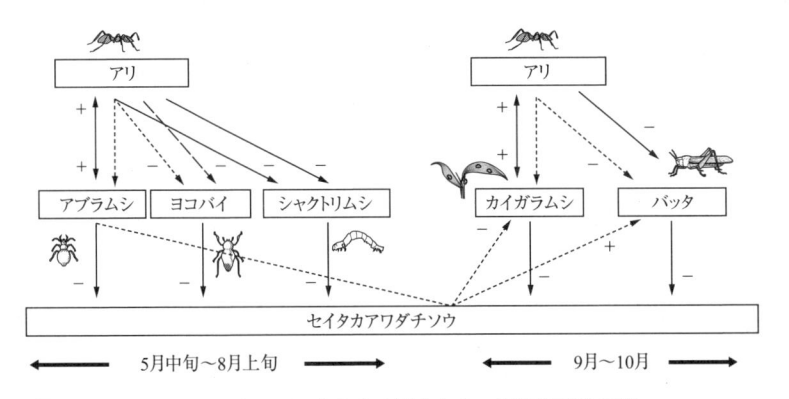

図8 セイタカアワダチソウに生息する昆虫とその間接相互作用網.
矢印は種間相互作用の方向を＋は正の－は負の影響を示す．Ohgushi（2007）を改変

することで，秋にそれを利用するクロカタカイガラムシ（*Parasaissetia nigra*）には餌の質を低下させるという負の影響を，オンブバッタ（*Atractomorpha lata*）には植物の窒素含有量を増加させるという正の影響を与えていた（本シリーズ第3巻5章参照）．

　このような直接および間接相互作用網は，多くの作物上でも存在していると考えられる．たとえば，ケイ酸を施肥するとイネの茎が硬くなり，ニカメイガの幼虫（*Chilo suppressalis*）の摂食が阻害されることは，古くから知られている（笹本1959）．最近，イネに機械的な損傷を与えると損傷部分にケイ酸が蓄積されることが明らかになった（藤井 私信）．このことは，イネの害虫のコバネイナゴ（*Oxya japonica*）がイネを摂食することで，摂食部位にケイ酸が蓄積され，その後のウンカなどの食害に対して，イネが耐性を示す可能性もある．それゆえ，作物を中心とした害虫と害虫，および害虫と天敵の直接および間接相互作用網の実態の解明も応用的な視点から興味深い．

(3) 作物の揮発物質を介した害虫と天敵の相互作用

　植食性昆虫は植物を餌や生息場所として利用し，それを捕食性および捕食寄生性の昆虫が利用する．このような植物・植食者・捕食者および捕食寄生者による3者系の相互作用は，植物上ではふつうに存在する．1980年代より，植食性昆虫に摂食されると，植物は揮発性成分（Herbivore-Induced

Plant Volatiles: HIPV）を放出して，植食性昆虫の捕食者や捕食寄生者を誘引することが明らかにされてきた（塩尻ら 2002）．たとえば，トウモロコシ（*Zea mays*）は，その害虫であるシロイチモンジヨトウの（*Spodoptera exigua*）幼虫が摂食すると，HIPV を生産し，シロイチモンジヨトウの幼虫の寄生蜂（*Cotesia marginiventris*）が誘引される．そして，この寄生蜂は寄主に産卵する．ふ化した寄生蜂の幼虫は，寄主の体内で生長し，最終的にはその幼虫を殺して蛹となり，羽化する（Turlings et al. 1990）．このような情報化学物質を介した種間相互作用は，植物−ハダニ−捕食性昆虫や植物−鱗翅目幼虫−寄生蜂などの3者系で知られている（塩尻ら 2002）．

　従来の研究では，単一の3者系が対象とされることが多かったが，最近では複数の3者系の関係についての研究も行われている．野外では多くの植食者が植物を餌とし，それらの植食者を複数の天敵が利用している．たとえば，キャベツ（*Brassica oleracea*）上ではモモアカアブラムシ，モンシロチョウの幼虫（*Pieris rapae*），コナガの幼虫（*Plutella xylostella*）など，多くの植食性昆虫がキャベツを餌として利用し，これらの害虫を多様な捕食性および寄生性昆虫が利用する．Shiojiri et al.（2000a, b, 2001, 2002）は，キャベツ上での情報化学物質を介した，キャベツ−コナガ−コナガコマユバチの3者系とキャベツ−モンシロチョウ−アオムシコマユバチの3者系および両3者系のネットワークによる種間相互作用を明らかにした．その研究では，コナガの幼虫が食害したキャベツ株と，①健全株，②機械損傷株，③モンシロチョウによる食害株の選好性が明らかにされた．その結果，コナガコマユバチはいずれもコナガによる食害株を選好したが，アオムシコマユバチは，健全株よりはモンシロチョウによる食害株を好み，それ以外の組み合わせでは選好性に差はなかった．

　この二つの3者系のシステムを使い，モンシロチョウの幼虫とコナガの幼虫が同時に食害した場合の，2種の寄生蜂の反応が明らかにされた（Shiojiri et al. 2000a）．その結果，2種の寄生蜂の反応は異ることがわかった．コナガコマユバチは，2種の幼虫が食害した株より，コナガ幼虫が食害した株を好み，一方，アオムシコマユバチは，モンシロチョウの幼虫による食害株より，2種の幼虫による食害株を好んだのである．さらに，モンシロチョウの

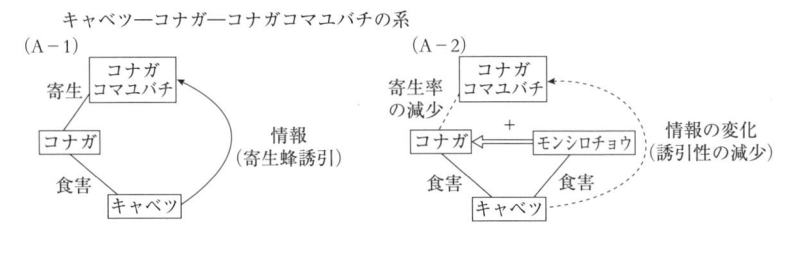

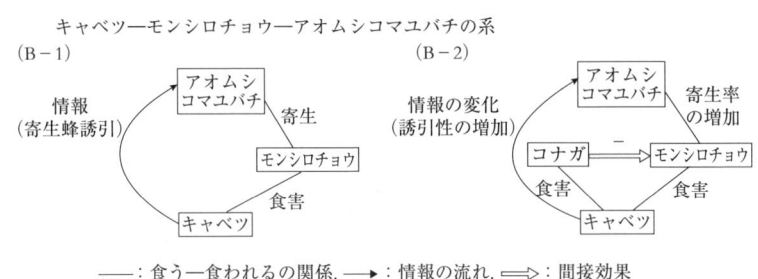

図9 コナガおよびモンシロチョウの3者系を介した直接および間接の種間相互作用．(A-1) キャベツ・コナガ・コナガコマユバチの系，(A-2) A-1 の系にモンシロチョウの幼虫を加えた系，(B-1) キャベツ・モンシロチョウ・アオムシコマユバチの系，(B-2) B-1 の系にコナガの幼虫を加えた系．塩尻・高林（2003）を改変．

　幼虫による食害株と，それ以外の健全株や機械的な損傷株，およびコナガの幼虫による食害株においてコナガの産卵選好性について実験を行った．その結果，モンシロチョウの幼虫による食害株での産卵数が有意に多かった．一方，モンシロチョウで同様の実験を行うと，健全株とコナガによる食害株との産卵数に有意差はなかった（Shiojiri et al. 2002）．この結果は，2種の雌成虫の産卵選好性にHIPVが関与し，HIPVに対する雌成虫の産卵反応は，種によって異なることを示唆している．

　これらの一連の研究は，植食者が寄主植物を単独で食害する場合と，複数の植食者が食害する場合とでは，寄主植物から放出されるHIPVの量が異なり，これが寄生蜂の寄主植物への選好性に影響を与えることを示唆している．コナガの幼虫とモンシロチョウの幼虫およびそれぞれの寄生蜂との関係では，コナガの幼虫が生息しているキャベツ上にモンシロチョウが産卵し，その幼虫が摂食するとコナガコマユバチの選好性が低下することで，コナガ

幼虫への寄生率は低下する（図9A）．一方，モンシロチョウの幼虫が生息しているキャベツにコナガが産卵し，その幼虫が摂食すると，モンシロチョウ幼虫の寄生蜂であるアオムシコマユバチが誘引され，寄生率は高くなる（図9B）．このように，2種の害虫がキャベツ上で生息している場合には，それらの寄生蜂の反応が異なり，複雑な種間相互作用が生じていることが明らかになった．

情報化学物質を介した3者系の研究は，室内あるいは小空間の閉鎖系実験が多い．野外でも植食者の天敵が情報化学物質に誘引されることを示した報告はあるが（たとえば，Shimoda and Takabayashi 2001），これらの天敵が植食者の個体数の減少に及ぼす影響を解明した研究は少ない．Kessler and Baldwin (2001) は，ユタ州の野生のタバコ（*Nicotiana attenuata*）の自生地で，スズメガの近縁種の幼虫（*Manduca quinquemaculata*）を含む3種の植食性昆虫が食害する時に放出されるHIPVに類似した物質を人為的に放出し，それがガの産卵数とその天敵であるオオメカメムシの近縁種（*Geocoris pallens*）の卵捕食に及ぼす影響を明らかにした．そして，HIPV類似物質の放出によりガの産卵数は減少し，カメムシによる卵捕食が増加した結果，植食性昆虫の数が90%以上も減少することが明らかになった．

野外の作物には多種の害虫が生息し，作物を餌や生息場所として利用している．そして，それらの害虫には多くの天敵がいる．現状では，野外の作物上で，HIPVによる害虫と天敵の相互作用や，それによる害虫の抑制効果については不明な点が多い．しかし，鱗翅目幼虫の食害によりHIPVが放出され，寄生蜂などの天敵が誘引されることで，害虫が抑制される可能性が示されている．それゆえ，Kessler and Baldwin (2001)の実験のように，HIPV類似物質の利用により天敵を誘引し，それらの天敵の害虫に対する抑制効果を解明することも応用的な視点から重要である．

(4) 作物・害虫・天敵の相互作用における土壌微生物の役割

先進諸国の農業は，化学肥料の多用により生産性を飛躍的に増大させたが，その代償として土から健康を奪い，環境に大きな負荷を与え，土中の栄養バランスをくずし，作物を虚弱体質にしている（岩田 1995）．このような

化学肥料の多用によって生じた問題の軽減に，土壌の微生物の機能を利用する方法が有益であるかもしれない．地中には無数の微生物が生息している．たとえば，土壌1gあたり数億から数十億の微生物が生息している（犬塚 2003）．このような土壌微生物の中でマメ科植物と共生して根粒を形成し，大気中の窒素をアンモニアに変換する根粒菌は古くからよく知られている（横山 2003）．最近，根粒菌以外の土壌微生物が植物の生育に及ぼす影響についても明らかにされつつある．このような土壌微生物を作物の生育に利用する方法は，必ずしも普及してはいないが，今後の低投入持続型農業において重要な技術になる可能性がある．ここでは，土壌微生物が，作物の生育を介して害虫およびその天敵へ及ぼす影響を明らかにした最近の研究を紹介する．

糸状菌が植物の根の組織内に侵入することや，根の表面に付着して植物と共生しているものを菌根（mycorrhiza）とよび，共生している糸状菌を菌根菌（mycorrhizal fungi）とよぶ．陸上植物の7～8割がこのような菌根を形成し（斎藤 1998），この菌根菌の一種にアーバスキュラー菌根菌（arbuscular mycorrhizal fungi: AM菌）がある．AM菌の機能としては，リン酸や微量栄養素の吸収の促進，水ストレスに対する耐性の増大，病害耐性の増大，植物ホルモンの生産，土壌構造の維持などにより，植物の生育を促進することが知られている（俵谷 1989）．

AM菌が植食者へ及ぼす影響は，AM菌が植物の生育などに及ぼす影響により変化する．たとえば，AM菌を接種されたヘラオオバコ（*Plantago lanceolata*）は，摂食阻害物質（iridoid glycosides）を生産し，それによってガの幼虫（*Arctia caja* L.）の発育に負の影響を与える（Gange and West 1994）．一方，菌根菌–ダイズ–植食性テントウムシの系では，低リン酸施肥区のAM菌接種植物において防御物質の軽減やリン酸の増加が起こり，植食性テントウムシ（*Epilachna varivestis*）の生存と発育が良好になった（Borowicz 1997）．また，AM菌は低リン酸施肥区で，2種のアブラムシ（*M. ascalonicus, M. persicae*）の生存と発育を促進することが知られている（Gange et al. 1999）．さらに，AM菌が植物および植食者へ及ぼす影響は，AM菌の種類や種組成により異なることが明らかになっている（Goverde et al. 2000; Gange 2001）．

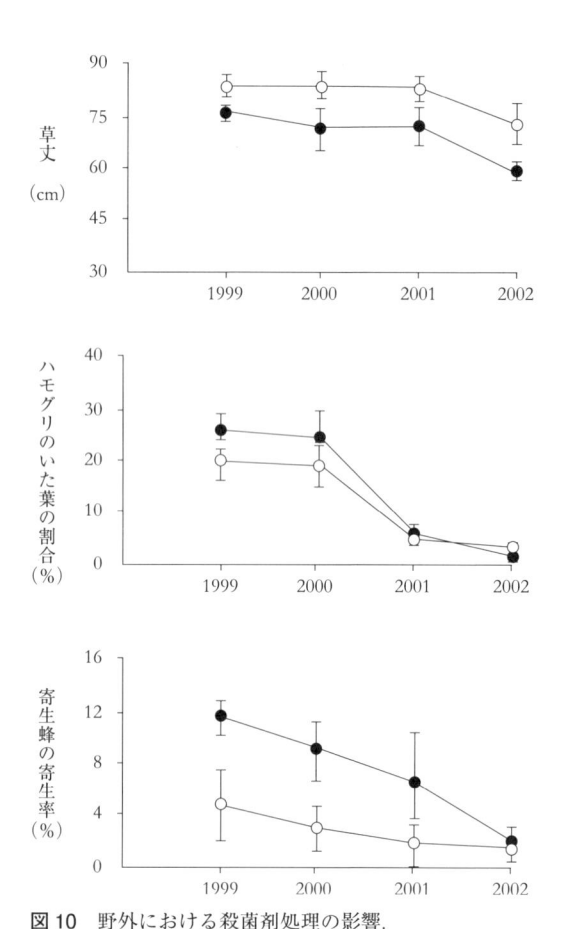

図10 野外における殺菌剤処理の影響.
上：ヒナギクの一種の草丈，中：ハモグリバエのいた葉の割合，下：寄生蜂による寄生率．○は水散布，●は殺菌剤散布．Gange et al. (2003) を改変．

　最近，AM菌が植物の生育を通じ，植食性昆虫の寄生蜂の行動や寄生率に影響を与えることが明らかにされた (Gange et al. 2003; Guerrieri et al. 2004). Gange et al. (2003) は，英国のケンブリッジにある草地で，土壌のAM菌を操作するために，殺菌剤散布区と水散布区を設け，1999年から4年間にわたりAM菌−ヒナギク (*Leucanthemus vulgare*)−ハモグリバエ (*Chromatomyia syngenesiae*)−寄生蜂 (*Diglyphus isaea*) による相互作用を調査した．その結果，AM菌を減少させた殺菌剤散布区でのヒナギクの草丈は低くなり，ハモグリ

バエとその寄生蜂の寄生率は高くなった（図10）．殺菌剤散布区でハモグリバエが増えた理由は説明されていないが，ハモグリバエから出る匂い物質に，寄生蜂が誘引されたと推測されている．一方，AM菌が多い水散布区では，AM菌が植物の生育を促進させ，植物の構造が複雑になった．その結果，寄生蜂によるハモグリバエの探索が困難となり，これが寄生蜂の寄生率の低下の原因であると考えられている．

最近のAM菌-植物-昆虫による種間相互作用の研究では，AM菌接種区のトマトで非接種区よりアブラムシの寄生蜂が誘引されやすいことや（Guerrieri et al. 2004），AM菌処理区では非接種区と比較して訪花するハナバチの数が増加することなども明らかにされている（Benjamin et al. 2005）．

このような土壌微生物-植物-植食者-捕食者および捕食寄生者の4者系の研究ははじまったばかりであるが，これらの研究は，土壌微生物が地上部における生物の種間相互作用に影響を与えていることを示唆している．化学肥料の多用により生じる問題の軽減には，作物の生育に好適な働きをする土壌微生物の機能を解明し，それを害虫管理に利用する試みも重要であろう．

5 害虫管理への新たな提言

最近の研究成果をもとに，害虫と天敵および作物と害虫と天敵の相互作用について紹介してきた．ここでは，これらの研究が低投入持続型農業での害虫管理の発展に，どのように貢献できるか考えてみたい．

従来の害虫管理では，捕食性および捕食寄生性の天敵を対象としていたが，最近の研究では，雑食性捕食者も害虫管理に重要な役割を果たす可能性が示されている．雑食性捕食者は，餌である害虫が減少しても，植物を利用することができる．一般に，天敵はその餌である害虫の個体数が増加した場所に誘引され，害虫を減少させる．このため，害虫による被害が発生した後に天敵による害虫の抑制効果がはたらくことが多い．オオメカメムシのような雑食性の捕食者を天敵として利用する場合は，オオメカメムシの好む植物を圃場の周りに栽培し，その個体数を高い密度に維持しておく．そして，作

物上で害虫が増加すると植物上のオオメカメムシが作物に移動し，害虫を捕食することで害虫を低密度に維持する害虫管理が考えられる．しかし，今までのところ，オオメカメムシ以外の雑食性捕食者が，害虫の個体数の抑制に及ぼす影響を明らかにした研究は少ない．今後は，多くの雑食性捕食者を対象にして，それらが害虫の抑制に及ぼす影響を明らかにできれば，雑食性捕食者を用いた新たな害虫管理の方策も可能であろう（Eubanks 2005）．

　複数の天敵のあいだでは，相加的および非相加的な相互作用が生じている．捕食者がギルド内捕食をすれば，効率的な害虫管理は期待できない．一般に，広食性捕食者はギルド内捕食をしやすく，卵や若齢幼虫はギルド内捕食をされやすい傾向がある．さらに，生息場所の構造が単純な場合や，餌が減少したときに代替餌がない場合は，ギルド内捕食の頻度が増加する（安田ら 2009）．それゆえ，天敵の放飼など複数の天敵を使って害虫を管理する場合は，このような天敵の食性やギルド内捕食の要因を考慮し，ギルド内捕食を軽減するシステムを構築することが必要である．また，ナナホシテントウとゴミムシとの種間相互作用で見たように，天敵の生息場所が異なり，天敵間に正の相互作用を生じるような組み合わせを選ぶと，効率的な防除が可能になる．

　さらに，天敵間の相互作用では，捕食や競争などの直接相互作用だけではなく，第三者を介して作用する間接効果も，害虫や天敵の個体数を決定するうえで重要な役割を果たしていた．見かけの競争により天敵が複数種の害虫の個体数を減少させる機構を解明し，そのような環境を圃場内やその周辺に設定することは，害虫管理に役立つと考えられる．この方法は，バンカープラント（banker plant）の利用として，すでに実用化されている．たとえば，ダイズにつくアブラムシを管理する場合に，ダイズ以外のムギやヨモギをバンカープラントとしてダイズの周辺に植えておけば，バンカープラントに寄生するアブラムシによって天敵の密度を高く維持しておくことができる．その結果，バンカープラント上の天敵はダイズにも移動して，ダイズのアブラムシ密度を抑制する効果をもたらす．

　複数種の天敵の生息場所が異なる場合は，直接および間接相互作用により，効率的な害虫管理を行える可能性が高い．今回紹介したバッタと3種の

クモとの相互作用では，植物の上部に生息する造網性クモは，バッタをイネ科雑草からキク科草本に移動させることにより，キク科草本の食害を増加させた．イネ科雑草が作物の場合は，このクモは天敵としての役割を果たすが，キク科草本が作物の場合には，このクモを取り除くことでキク科草本への被害は軽減される．これまで天敵の種数や個体数が多いことが害虫管理に有益と考えられていたが，ギルド内捕食や行動を介した間接効果が生じる場合は，天敵を除去することも必要であろう．

　害虫の摂食により作物から放出される情報化学物質や，土壌微生物によるボトムアップ効果も，害虫と天敵の相互作用に影響する．土壌微生物−作物−害虫−天敵による4者系の種間相互作用の研究は，低投入持続型農業の実施の観点から，今後，発展させるべき研究である．AM菌はリン酸が欠乏する土壌での作物の生育を促進する機能があり，ここで紹介したAM菌−ヒメギク−ハモグリバエ−寄生蜂の4者系での実験の水処理区では，AM菌を減少させた殺菌剤処理区より植物の生育は促進し，ハモグリバエと寄生蜂の個体数は減少した．それゆえ，AM菌と共生する作物は生育が促進され，害虫の個体数も減少する可能性がある．効率的な害虫管理の視点からも，土壌微生物を中心にした4者系の研究とその成果は注目すべきであろう．

6　今後の課題と展望

　本章で紹介した研究により，害虫と天敵の相互作用は，単純な食う食われる関係から複雑で多様な種間相互作用まで，変化に富んでいることが明らかになった．しかし，これらの研究は，作物の栽培期間をとおして，農業生態系で生じている複数の害虫と天敵の関係も含めた，多様な種間相互作用を包括的に扱ったものではない．また，個別研究のいくつかを統合して，害虫管理に利用する応用研究も実施されているようには思えない．このため，基礎生態学の研究成果を有機的に統合し，害虫管理に利用するのは，まさに今後の課題である．

　害虫を管理する場合に，農業生態系の多様な生物の機能を利用することが

重要であるのはいうまでもない．一般に，単作による単純な農業生態系では，害虫が増加しないと天敵が飛来せず，天敵による効率的な害虫管理は期待できない．それゆえ，農業生態系の作物などの植生の多様性を高めることで，害虫や天敵ではない「ただの虫」の種類や個体数を増やし，それを餌とする天敵を維持することも必要である．また，農業生態系を取り巻く周辺環境の多様性は，農業生態系の多様性の維持に貢献するだろう．ここでは，生息場所や景観の多様性が，天敵と害虫との種間相互作用をとおして，害虫管理に及ぼす影響を紹介し，最後に，基礎科学としての群集生態学と応用科学としての害虫管理との連携について考えたい．

(1) 生物多様性の役割

ある地域の生物の多様性が群集構成種の個体数変動に及ぼす影響は，生物群集の多様性の機能の解明を扱う群集生態学のみならず，害虫発生の機構の解明を目的の一つとする害虫管理においても，古くから関心がもたれてきた (Pimentel 1961)．

植生が単純な単作と多様な混作で，害虫および天敵の個体数を比較した研究結果がまとめられている (Andow 1991)．これによると，害虫の個体数は単作より混作で低下した割合が多く，混作は単作に比較して害虫の発生を抑える事例が多いことが示された．とくに，混作での害虫個体数の減少率は，広食性害虫よりも単食性害虫の方が高かった．一方，天敵の個体数は，単作より混作で増加し，混作は単作に比較して，天敵の個体数を増加させる事例が多いことが明らかになった．混作で増加した天敵は，捕食性天敵より寄生蜂などの捕食寄生性天敵が多く，このような天敵は花蜜などを餌とすることから，多様な作物がある混作では，花蜜のある時期が長く，天敵の個体数が多くなったのではないかと考えられている．それゆえ，ある畑での作物の種数が多くなると，天敵が増加することで害虫が減少し，害虫管理には好適であることが多い．害虫の個体数は，このような天敵によるトップダウン効果により決定される場合と，作物の種数の増加のようなボトムアップ効果により影響を受ける場合がある．しかし，混作での作物の種数を増加させ，それが害虫の発生に及ぼすボトムアップ効果を明らかにした研究は少ない．

Denno et al.（2005）は，生息場所の複雑性が，捕食者間および捕食者と餌との間接および直接相互作用に及ぼす影響をまとめた．それによると，単作と混作，雑草の有無，植物の高さや葉の繁茂などによる植生の構造，リターや堆積物の有無および量などの生息場所の構造の多様性は，捕食者の個体数や餌との相互作用に影響を与えることが明らかになった．また，植生や生息場所の複雑さと捕食者の個体数を調査した50の研究例中39の研究では，無脊椎動物の捕食者は複雑な構造の生息場所に集合するか，もしくは密度が高くなった．そして，植物や植生の構造およびリターや堆積物の多様性が高いと捕食者は多く，生息場所の構造を単純にすると捕食者は減少する傾向があった（Langellotto and Denno 2004）．

　複雑な生息場所で捕食者が増加する理由としては，複雑な生息場所は共食いやギルド内捕食を回避する隠れ場所となり，捕食者の生存率が高くなるからだと考えられている．この効果は，とくに小型の捕食者で顕著であった．さらに，植物が多様で複雑な生息場所では，植食性昆虫や花粉および花蜜など餌資源があり，また造網性のクモでは複雑な場所ほど網場所として好まれる．これら以外にも，好適な微気候，物理的な攪乱からの回避，越冬場所や越夏場所の増加も考えられている．好適な微気候の例として，メイガの寄生蜂の生存率は，圃場の周辺に樹木がある場合が，ない場合より高いことが示されている（Dyer and Landis 1996）．これは樹木があることで寄生蜂の生存に適温となり，生存率が高くなったと考えられている．また，ジャガイモでは，リター（落葉）の構造が複雑になると，捕食者のオサムシが増加し，害虫を減少させ，収量が増加した（Brust 1994）．さらに，前述したイネ科雑草を餌とするウンカの一種と，その天敵である徘徊性コモリグモおよび捕食性カメムシの相互作用では，生息場所の複雑さは，種間相互作用に影響を及ぼすことが明らかにされた（Dobel and Denno 1994; Finke and Denno 2002）．コモリグモはリターが少ない単純な生息地より，それが多いところに集まり，ウンカを抑制していた．リターが豊富で複雑な生息地では，ウンカに対するコモリグモの数の反応により，コモリグモが増加するが，豊富なリターは，ウンカの卵を捕食するカメムシが，クモによる捕食を回避する隠れ家となっていた．

　景観レベルの複雑さが，天敵と害虫の相互作用に及ぼす影響を明らかにし

た研究は少ない．しかし，景観の多様性や複雑性が，天敵の個体数や多様性に影響を与えることは，多くの生態学者が認めている (Denno et al. 2005)．米国中西部の「単純な景観」と「多様な景観」が周囲にあるトウモロコシ畑で，害虫であるアワヨトウ（*Pseudaletia unipuncta*）の寄生蜂による寄生率が調査された．「単純な景観」とは，トウモロコシ畑の周囲に少数の大規模な農地がある場所で，「多様な景観」には多数の小規模な農地があり，農地の境界には広葉樹などの樹木がある．景観の多様性の高いところで寄生蜂の寄生率が高かったが (Marino and Landin 1996)，これは，寄生蜂の優占種の個体数が多いことに起因していた (Marino and Landin 1996; Menalled et al. 1999)．このような複雑な景観がある農耕地では，単純な景観の場合より寄生蜂による害虫の生物的防除が効果的であることは，いくつかの研究で報告されている (Thies and Tscharntke 1999, Tscharntke et al. 2005)．一般的には，生息場所や景観レベルが多様で複雑であれば，天敵が多くなり害虫は少なくなる傾向があるので，多様な生息場所や景観を維持することは，害虫管理にとっても重要である．

　最近，総合的害虫管理に環境保全の考え方を取り入れた，総合的生物多様性管理（integrated biodiversity management）が提唱されている（桐谷 2004）．たとえば，水田を中心にした農業生態系での総合的生物多様性管理では，水田は食糧生産の場所であるとともに，自然湿地の代替地でもあることが指摘されている．そして，農業生態系は，水田生態系に隣接する広範囲の周辺環境も含むことが強調されている．さらに，水田生態系の多様性を高めるため，周辺環境の時間的・空間的な異質性を高める必要があることが述べられている．これは，農業生態系の多様性の維持には，それに隣接する景観の多様性を維持する必要があるとの考えと類似している．

　現状では，農業生態系の生物多様性の機能が十分に理解されてはいない．しかし，農業生態系およびその周辺環境に生物多様性を創出し，それを維持することは，低投入持続型農業における生物の種間相互作用に基づく害虫管理に必要である．今後の研究として，農業生態系の多様性の操作や景観の多様性の異なる場所での害虫と天敵の相互作用の調査から，農業生態系のみならず，景観レベルでも生物多様性が害虫の抑制に果たす役割を解明し，これが害虫管理に及ぼす影響を明らかにすることも重要である．

(2) 群集生態学と応用生態学の連携

　群集生態学と害虫管理などを目的とする応用生態学が連携し，相互に刺激しあうことは，基礎科学と応用科学の両者の発展にとっても重要である．最後に，害虫管理と群集生態学の連携研究として，①攪乱実験，②生物多様性の操作実験，③生物多様性の機能解明，に関する三つの研究に触れたい．

　多くの1年生の畑作物や水稲などでは，作物を栽培する前に耕起により農地が裸地にされる．そして，有機および化学肥料を施し，作つけ後は病害虫や雑草防除のために農薬が散布される．さらに，作物が収穫されると，農地は再び裸地に戻る．このように農業生態系では，頻繁に人為的な攪乱が起こっている．しかし，この攪乱が農業生態系の構成種の種間相互作用を介して，生物多様性の創出や害虫の個体数に及ぼす影響を明らかにした研究は少ない．インドネシアのジャワ島のイネが周年栽培される水田と，2～3か月の休閑期がある年2期作の水田で，トビイロウンカ（*Nilaparuata lugens*）とその天敵の個体数が3年間調査された（沢田 1996）．その結果，生息場所の攪乱が小さい周年栽培の水田では，トビイロウンカの天敵が多くなり，トビイロウンカは低密度に抑えられていることが明らかになった．これは生息場所の攪乱が少ないと，害虫と天敵との密接な関係が維持されやすいことを示唆している．このような農業生態系の人為的な攪乱は，群集生態学の操作実験としてとらえることができる．攪乱とそれが生物多様性の創出に及ぼす影響を予測した中規模攪乱仮説によると，攪乱が中規模であれば多様性が高くなることが示されている（Connell 1978）．このような攪乱の頻度が，農業生態系の生物多様性や構成種の種間相互作用を介して，害虫の抑制に及ぼす影響を明らかにすることは，害虫管理だけでなく，生物多様性に及ぼす攪乱の影響を明らかにする，群集生態学においても重要である．

　農業生態系における生物多様性を維持し，その機能を効果的に利用する方法として，複数の作物を同一の圃場で栽培する混作がある．前述したように，混作は単作に比べて天敵が多く，害虫が少ない傾向がある（Andow 1991）．混作は多様な天敵を維持するだけでなく，異なる作物の地下部や地上部の相互作用をとおして，害虫と天敵の相互作用や害虫管理にも影響を及ぼす可能

性がある．しかし，このような混作の機能の詳細については，ほとんど解明されていない．このため，混作の機能を明らかにし，作物の組み合わせにより害虫の被害を軽減できれば，低投入持続型農業における害虫管理の一つの方法を示すことができるかもしれない．とくに，東南アジアなどでは，果樹園にいろいろな樹木や作物などを植え，植物の多様性を高くして作物を栽培する混作が行われている．このような場所の多様性を操作し，長期の継続調査により生物多様性の機能を明らかにすることは，応用生態学の害虫管理のみならず，多様性の機能を明らかにする群集生態学の発展にも貢献するだろう．

生物群集の多様性と安定性の関係については，May (1972) の理論モデルから，「多様な群集は安定ではない」ことが示されて以来，多くの理論的および実証的研究がなされてきた．現在でも生物群集の多様性の機能の解明は，生態学の重要課題の一つである．最近，Kondoh (2003) は，食物網の種数と安定性の関係は，適応性が十分に高く食物網に柔軟性が保たれている場合は，種数が増加すると安定性も高くなることを明らかにした．多くの地域で水田などを中心に，無農薬・無除草剤・無化学肥料により作物を栽培する，低投入持続型農業が実施されている．このような水田生態系では，植物や節足動物の多様性が高く，害虫の発生は少ないという（たとえば，日鷹 1990）．そこでは多様な生物や微生物が水中や地中および地上部に生息し，この豊富な生物相の相互作用をとおして，害虫が低密度に維持されていると思われる．このような農業生態系での害虫と天敵の種間相互作用を明らかにすることは，生物多様性の機能の解明につながるだけでなく，低投入持続型農業での害虫管理にも貢献する．

化石資源の大量消費に依存した近代農業は，持続型農業から消費型農業に変貌し，環境を改変した結果，多くの問題を生じさせた．このような現状を踏まえ，今後は，資源の投入量を減少させる低投入持続型農業を推進しなければならない．そのためにも，いろいろな作物が栽培されている異なる農業生態系で，生態系を構成する生物間の種間相互作用の時間的・空間的な動態の理解と，それが，害虫管理に果たす役割を明らかにすることが重要である．

第4章

外来種問題と生物群集の保全

大河内勇・牧野俊一

Key Word

外来種　天敵　競争　送粉　病原体

　現在，わが国には 1000 種を越える外来種が定着している．近年，ブラックバス・アライグマ・アカミミガメ・ホテイアオイなど，生態系や生物多様性に悪影響を及ぼす侵略的外来種の問題が注目されるようになった．平成 16（2004）年に制定された外来生物法によって，侵略的外来種は駆除の対象となったが，すでに定着してしまった外来種の駆除や個体数の制御は困難をきわめている．この困難の原因の一つは，外来種という特定の生物だけが注目されて，外来種と他の生物種との相互作用が考慮されてこなかったことにある．その外来種が，侵入先の生態系にもともと生息する在来種と，さまざまな相互作用の関係でつながっていることを理解しなければ，外来種の制御はおぼつかない．外来種の侵入と定着の可否や，それが生態系に与える影響の種類や程度は，侵入先の生物とのさまざまな相関関係に左右されるからである．外来種の駆除や個体数の制御を成功に導くには，生物間相互作用の理解とその利用がぜひ必要である．外来種の影響の著しい小笠原諸島などで，このことを実証しようとする壮大な実験がはじまっている．

1 はじめに

外来種 (alien species) とは「過去あるいは現在の自然分布域以外に導入された種」と定義されており (日本生態学会 2002), 目的をもって意図的に導入されたものと, 物資などに紛れ込んで意図せずに侵入したものの両方を含んでいる. 移入種あるいは帰化生物などとよばれることもある. 国際生物多様性条約 (Convention on Biological Diversity) では, 過去または現在の分布域を越えて侵入または導入された種を「alien species」とよび, そのうち, 生物多様性を脅かす種を「invasive alien species」としている. 本章では, それに倣い「外来 (alien) 種」と「侵略的外来 (invasive alien) 種」という用語を使い分けたい.

外来種は現在, 大きな社会問題になっている. 沖縄のジャワマングース (*Herpestes javanicus*), 北海道などのアライグマ (*Procyon lotor*), 全国各地の池や湖のブラックバス (とくにオオクチバス:*Micropterus salmoides*), 身近なセイヨウタンポポ (複数種といわれている) など, さまざまな外来種の侵入の拡大がニュースなどで取り上げられている. 顕在化した外来種問題に対処すべく, 平成 16 (2004) 年に外来生物法 (特定外来生物による生態系等に係る被害の防止に関する法律) が制定されたことは記憶に新しい.

外来生物法が示すように, 生態系を攪乱する侵略的な外来種は, その影響を緩和するために, 制御や根絶を検討するべき対象である. しかし, すでに定着した外来種をただやみくもに捕獲しても効果は上がらない. 外来種の効果的な制御や根絶のためには, 生態学的な特性に基づいた排除計画を立てる必要がある. たとえば, 外来種の個体群を根絶したり一定の密度以下に維持したりするために, どの程度の個体数を捕獲すればよいかを予測する個体群生態学的なモデルを用いた排除計画が検討され, 成功を収めている. その典型的な例として, 1919 年に南西諸島への侵入が確認されたウリミバエ (*Dacus* (*Zeugodacus*) *cucurbita*) を 1975 年から 1993 年にかけて不妊虫放飼により根絶した事業が挙げられる (伊藤 1980). この事例は個体群生態学的な視点を持ち込むことで, 外来種の根絶や個体数の低減を効率的に行うことができることをよく表している.

第4章 外来種問題と生物群集の保全

　同様にして，生物種間の相互作用を考慮した群集生態学的な視点を導入することで，外来種の制御をより効率的に行える可能性がある．たとえば，在来種の多くが天敵や競争者などのはたらきにより個体群の増加が制御されているなかで，なぜ外来種の個体群は増えることができるのかという問題は，外来種と在来種との相互作用を考えないと理解できない．しかし，これまでは外来種による食害（捕食と植食を含む）や競争など直接的な影響への対策に追われてしまいがちで，群集生態学的な視点から外来種問題をとらえることは，現場ではほとんどなされなかった．

　Elton (1958) は，時代に先駆けて，『侵略の生態学』でこの問題を取り上げ，外来種の侵入を阻む「生態的抵抗性」の活用こそが外来種対策として重要だと論じた．Elton は同書の中で，多数の外来種の事例を引用し，①全世界を区分していた地理的な障壁による生物地理区が失われつつあること，②その結果として，生態系への影響のみならず，人間の生産基盤の破壊や人間自身の健康被害を引き起こすような外来種の侵入が生じていること，③外来種の影響がとくに著しいのが海洋島の生態系であること，④生産や生活のために人間が単純化した生態系への外来種の侵入が著しいことなど，外来種の重要な生態学的な側面を明らかにした．そのうえで，食うものと食われるものの関係を理論化したロトカ-ボルテラ方程式 (Lotka-Volterra equation) を引用し，単純な系は不安定になりやすく，多様な種で構成されている生物群集こそ生態系を安定させるのではないかと述べている．

　興味深いのは，Elton は外来種を水際で根絶することができない場合，外来種を排除するのではなく，外来種が生態系の一部となり，爆発的な個体数の増加を生じさせないために，その影響を弱めることこそが生態学者として取るべき道と考えていたことである．当時は，世界の農業は難分解性の農薬を多量に使用する方向に進んでおり，農業被害をもたらす外来種の対策もこのような農薬を使用して制御することが中心となっていた．Elton の主張は，農薬偏重に対する反論でもあり，さらに自然保護と生物多様性の実利的な重要性を説くという重要な側面もあった．

　一方，Elton の時代には，生物農薬として導入された天敵に関する危険性はまだ認識されていなかった．同書にはハワイのシイノミマイマイ類

(*Amastra* spp.) の競争種である外来種のアフリカマイマイ (*Achatina fulica*) を，導入天敵を用いて減少させる試みが紹介されている．しかし，それらの天敵を導入することにより，その後の30年ほどで，太平洋における多くの島々で陸産貝類の固有種が壊滅的な打撃をこうむることとなったのである (IUCN/SSC Mollusc Specialist Group 1995)．このような導入天敵の非標的種への影響 (non-target effect) は，今日では主要な外来種問題の一つとして認知されている．導入天敵それ自体が侵略的外来種になりうる可能性に対する厳しい視点が欠けていたとしても，Elton (1958) の主張は外来種と群集の基本的な関係，とくに「生態的抵抗性」を提案した点で重要である．

本章では，第2節で，一部の外来種がなぜ，生態系に影響を与えるほど侵略的になるのか，Elton の「生態的抵抗性」はどのような機構でもたらされるのかについて，群集生態学の観点に基づいて理解する試みを紹介する．第3節では，病原体という見えない外来種の例として，在来病原体と媒介生物や宿主とのあいだにはたらく在来の生物間相互作用を介して群集に加わったマツ材線虫病について解説する．さらに第4節では，相利共生というもう一つの代表的な生物間相互作用に注目して，外来種が相利的な送粉システムに侵入し，在来種に置き換わって送粉を担う場合に生じる群集への影響を考える．第5節では，具体例として，多数の外来種が侵入し群集に大きな影響を与えている小笠原諸島を取り上げ，群集生態学の考え方に基づいた外来種対策を述べる．

2 外来種はいかに群集に定着するか
—— おもに種間競争と天敵から

なぜ，ある種は外来種として定着に成功し，ある種は失敗するのか．なぜ，海洋島では多くの外来種が定着するのか．これら経験的に知られている外来種の能力と群集の「生態的抵抗性 (Elton 1958)」の関係を明らかにすることが，群集生態学に求められており (Naeem et al. 2000)，また，これは同時に応用課題としての外来種問題を解くための鍵でもある．

外来種の定着を阻む群集の抵抗性がはたらく要因には，在来種との種間競

争および在来天敵の作用がある (Case 1990; Tilman 1999; Keane and Crawley 2002; Kennedy et al. 2002; Shea and Chesson 2002). Shea and Chesson (2002) は，外来種の侵入成功を評価する際に，天敵の影響と，資源をめぐる種間競争をあわせて考えることが必要だと主張した．彼らは，外来種と天敵・資源・競争者との相互関係をニッチ（生態的地位）と定義した（生活資源や環境資源の総体をニッチとする一般的な定義（巌佐ら 2003）とは若干異なる）．そのうえで，相互関係の結果，外来種が侵入して増加できる状況が生じると，それを群集が外来種に与えるニッチ機会 (niche opportunity) とよんだ．彼らはさらに，ニッチ機会を，天敵からの解放によるニッチ機会 (enemy escape opportunity) と資源に関するニッチ機会 (resource opportunity) に分けて考えた．以下，これら二つのニッチ機会に注目しつつ，群集がもっている外来種への抵抗性について考える．

(1) 種間競争

種間競争は植物にも動物にも一般的に見られる生態的な関係である．とくに，光や水という共通の資源をめぐって外来種と在来種が争う植物では重要と考えられる．実際，外来種の繁栄が，種間競争の優劣関係としばしば結びつけられる．たとえば，小笠原では台風や伐採などで樹冠が開き，強い日光が直射する状況になると外来植物のアカギ (*Bischofia javanica*) が在来種を圧倒して急に増えることが知られている（清水 1998）．その原因として，林床のような暗い場所に適した陰葉をもつ稚樹が急に直射光に当たった場合の反応の違いがある．アカギの稚樹は競争関係にある数種の在来種の稚樹に比べ，直射光下での陰葉の最大光合成速度がもっとも高くなり，早いうちに直射光に適した陽葉を出し，かつ陰葉の状態で比較すると直射光下できわめて成長がよいため，他種との競争に強いのである (Yamashita et al. 2000)．こうして，アカギは現在も在来植生に侵入しつつあり，場所によっては在来種を駆逐してアカギの純林と化しつつある（田中ら 2009）．このような種間競争を説明するために，資源競争の理論が唱えられた (Stewart and Levin 1973; Tilman 1982)．

Tilman (1982) は，種にとって呼吸や死亡などで消費する資源量を，存続

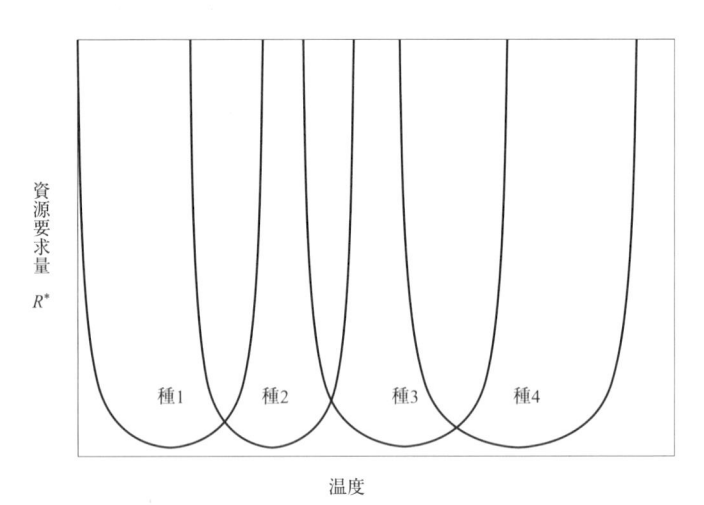

図1 資源をめぐり競争している4種の資源要求量の温度に対する変化．資源要求量 R^* がもっとも少ない種（もっとも競争に強い種）は温度によって変化する．そのため，季節変化など温度が変化する環境下では，季節によって競争に有利な種が入れ替わり，複数種が共存できる．外来種もどこかの温度域で R^* の値が最小になれば侵入できるが，種が多い場合にはその可能性が少ない．(Tilman 1999 を改変)

するための最小限の資源量と考えて，それを最小資源量 R^* とした．これより多くの利用可能な資源がないと，その種は増えることができない．R^* は種ごとに異なるが，同じ資源をめぐる競争では，R^* が少ないほど競争能力が高い．そのため，在来種より小さな R^* の外来種が侵入すれば，競争能力が高いので増加できるが，R^* が在来種より大きいと，外来種は定着しにくい．侵略的な外来種の R^* が小さくなる理由は二つ挙げられる．第一に，外来種が原産地の天敵や病気をともなわずに侵入することが挙げられる．このような場合には，外来種の死亡率が低くなるので，存続に必要な資源量 R^* が小さくなる．もう一つの可能性は，外来種の原産地ではより競争が厳しい場合である．このようなとき，外来種の資源利用能力は，競争の穏やかな環境に生育する在来種に比べて優れており，これはすなわち R^* の値が小さいことを意味している (Tilman 1999)．

　種に固有な R^* の値だけで競争の強弱が決まるなら，もっとも小さな R^* をもつ種のみが生き残り，複数種の共存は難しくなる．しかし，環境の変化や複数の資源を考慮することで，複数の種が共存する群集を考えることが可

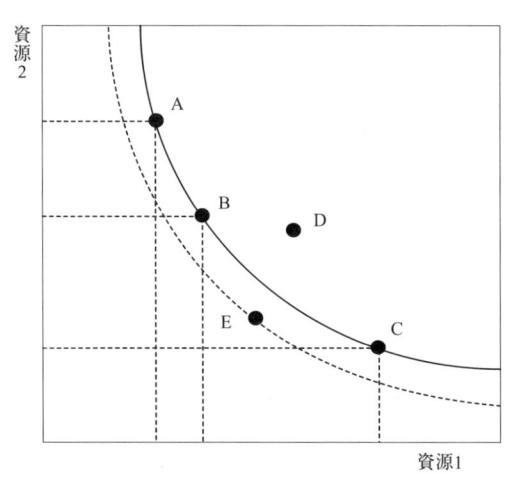

図2 資源1と資源2をめぐる種間競争.
ある群集での資源1と資源2を利用する種はそれぞれの資源の利用にトレードオフの関係があり，もっとも競争力の高い種が図の曲線（実線）上に並ぶ．A, B, C はそうした種であり，それぞれの資源の必要量のセットが最小資源要求量 R^* である．種Dはトレードオフ線より右上にあり，競争力が弱く，外来種の場合には定着は難しい．種Eは別のトレードオフ線（点線の曲線）にあり，競争力が強く，外来種の場合は定着すると考えられる．この点線は，より種間競争が厳しい地域でのトレードオフ線か，原産地の天敵から解放された場合のトレードオフ線と考えることができる．（Tilman 1999 を改変）

能になる．Tilman（1999）は複数種が共存する場合を考察することで，より多数の種が共存する群集には外来種が侵入しにくくなる場合を想定している．一つは，温度のような環境の変化によりそれぞれの種の R^* の値が変わり，競争の強弱の関係が変化する場合である（図1）．温度のように季節的にその環境が変化すれば，R^* が最小となる種が季節によって入れ変わるため，複数種が共存できる．そして，種が多いほど，どの環境（温度）でも資源を効率的に利用できる R^* の小さい種がいるため，外来種の侵入は難しくなる．もう一つは，複数の資源（たとえば光と土壌水分）をめぐる競争の場合である．一方の資源に対する R^* が小さい種は，もう一方の資源に対する R^* が大きいというトレードオフの関係にあると考えよう．このようなとき二つの資源に対する依存の割合が異なれば，多くの種が共存可能となり，それらの種は二つの異なる資源に対する R^* の組み合わせが最小となるトレードオフ線上に

並ぶ(図2).この場合は,種数が多く種間競争の厳しい環境ほどトレードオフ線が下になり,R^*の組み合わせが小さな値となる.そのため,外来種の侵入が難しくなる.

群集を構成する種数が多いと,資源をめぐる競争が厳しくなるために,外来種が侵入しにくくなるという Tilman (1999) の見解は,多様で複雑な生態系ほど安定し,外来種の侵入に抵抗力をもつ,すなわち「生態的抵抗性」が大きいという Elton (1958) の仮説を支持するものといえよう.この Elton の仮説は野外実験においても支持されている.Naeem et al. (2000) は,北米の草原に作られた実験区(それぞれ在来植物が1〜24種生えている)を用いて,Elton の仮説を検証した.実験では攪乱などの外的要因を排除した場合は,外来植物種の現存量は,実験区の在来植物の種数が多いほど指数関数的に減少し,在来の種数が多いほど外来種が侵入しにくいという Elton の仮説を支持した.ただし,外来種の侵入を容易にするような攪乱などの外的要因があると,Elton の仮説どおりの結果にはならない可能性にも言及している.

攪乱が外来種の侵入を容易にする原因については,外来種と在来種の強弱の関係がいつも同じではなく,資源量や環境条件など競争に関わる要因によっては入れ替わる可能性があることが挙げられる.とくに,通常の変化を超えるような人為攪乱に対しては在来種もよく適応しておらず,外来種の在来種に対する資源競争を有利にする可能性がある(Shea and Chesson 2000).

(2) 天敵

Elton (1958) は食う-食われる関係を利用した個体数の制御について論じ,外来種のワタフキカイガラムシ(別名イセリアカイガラムシ *Icerya purchasi*)やウチワサボテンに対し,原産地の天敵を導入し,制御に成功した例を挙げている.外来のスペシャリスト天敵の導入により,有害生物の駆除に成功した例は他にもいくつもある(中筋 1997).たとえば,原産地の中米から沖縄や小笠原を含む太平洋諸島に導入されたギンネム(*Leucaena leucocephala*)個体群の衰退はその一つである.本種は,荒廃地の緑化に有用な緑化樹として利用されてきたが(山村 2002),沖縄や小笠原では侵略的な外来種として問題となっていた.ところが,1984年から1986年にかけて,原産地の天敵であ

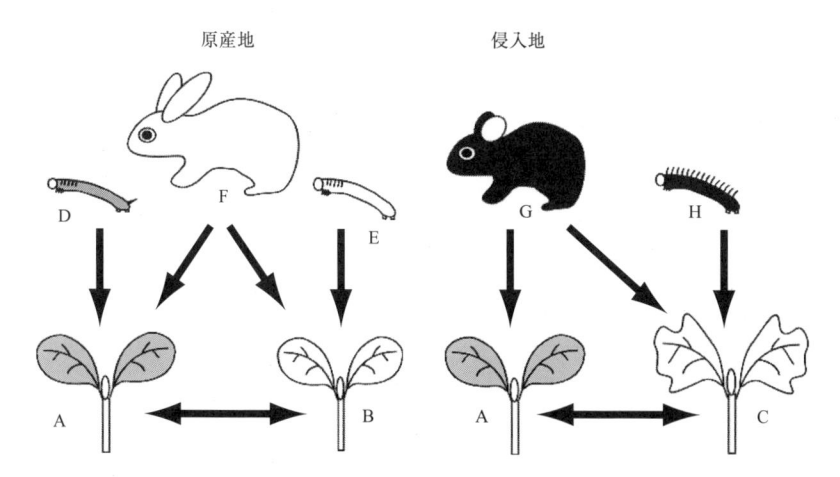

第4章　外来種問題と生物群集の保全

原産地　　　　　　侵入地

F　　　　　　　　　G　　H
D　　　　E

A　　　　B　　　　A　　　　C

図3　外来種（A）の原産地（左）と侵入地（右）での食う食われる関係の模式図．
原産地では競争する2種の植物AとBそれぞれにスペシャリストの植食者DとEがおり，両者を摂食するジェネラリストの植食者Fがいる．
侵入地では外来植物Aのスペシャリストの植食者はいないが，在来の競争種Cにはスペシャリストの植食者Hがいる．Hが寄主転換をしてAを加害する可能性は低い．在来のジェネラリストの植食者Gは在来植物Cを好んで食べる．結果として競争種Cは外来種Aに負けてしまう．（Keane and Crawley 2002を改変）

るギンネムキジラミ（*Heteropsylla incise*）がおそらくジェット気流に乗り太平洋諸島に広く侵入してギンネムを加害したために，それまで勢力の強かったギンネムは急速に勢いを失った（桐谷2002）．外来種が一旦定着に成功した後で，天敵が遅れて侵入し，外来種の個体数を制御したこれらの例は，外来種が原産地の天敵をともなわずに侵入することが外来種の繁栄の一つの要因であることを示唆している．

このような原産地の天敵（とくにスペシャリストの天敵）を随伴せずに外来種が侵入したために，個体数が増えるという従来の解釈に加え，在来の天敵もまた在来種と外来種に与える影響をとおして，両者の競争に影響し，外来種に有利になるとする仮説が，Keane and Crawley（2002）によって，「天敵からの解放仮説（ERH: enemy release hypothesis）」として提案された（図3）．すなわち，在来の天敵のうちで，スペシャリスト天敵は外来種に寄主（宿主）転換することが少ないので，外来種に影響するのはおもに在来ジェネラリスト天敵になる．その在来ジェネラリスト天敵も外来種よりは在来種を好んで

食べる例が多いという．これにより，外来種と競合する在来種は，外来種と違って在来のスペシャリスト天敵の影響に加えて，外来種に比べジェネラリスト天敵により多く食べられ，競争のうえで不利になる．

以上みてきたように，外来種が繁栄する原因として天敵と競争があり，それに資源と環境が関係している．しかし，それらの要因のすべてを適切に評価することは難しく，特定の外来種に関する天敵・競争・資源の全体像はまだ解明されていない．外来種がなぜ繁栄するのか，群集の構成種からどのような作用（生態的抵抗性）を受けているのかを知ることは，植生の多様性や在来天敵などの管理によって外来種の繁栄を弱めることにつながる可能性がある．本節で示したそれぞれの理論が予測する外来種と天敵・競争・資源との関係についての一層の研究が期待される．

3 見えない外来種にどう対応するか
── マツ材線虫病を例として

(1) 病原微生物の侵入

外来種には，植物・昆虫・脊椎動物のように肉眼でわかるものばかりでなく，多くの微生物も含まれている．IUCNの「侵入種ワースト100（IUCN日本委員会 2001）」には8種の微生物が挙げられており，いずれも植物や動物に対する重大な病原体である．多くの病原微生物には，それを媒介する動物（ベクター）が存在し，病原体の侵入や定着の過程で重要な役割を果たしている．たとえば上記ワースト100にも入っているニレ立枯病の病原菌（*Ophilostoma ulmi*）は，樹皮下に生息するキクイムシによって運搬される．またアメリカなどで大きな問題となっているウエストナイル熱は，複数の種のカが鳥から人間や家畜へとウイルスを媒介することで伝染する．

動物によって媒介される外来の病原微生物は，在来の近縁種や媒介者と複雑な関係を結ぶことがある．ここでは，侵入後100年以上を経てなお日本の生態系に大きな影響を与えつづけているいわゆる「松枯れ」，すなわち日本の外来種問題の原点ともいうべきマツ材線虫病を例として，この「見えない

外来種」について考えてみよう．マツ材線虫病を取り上げるのは，それが日本の森林生態系に与えてきた大きな影響もさることながら，外来微生物が在来の生物群集に定着するにあたって，在来の媒介者が大きな役割を果たした好例だからである．

(2) 外来種としてのマツノザイセンチュウ

マツ材線虫病は，アカマツ（*Pinus densiflora*）やクロマツ（*P. thunbergii*），リュウキュウマツ（*P. luchuensis*）など日本在来のマツ類を急激に枯損させている病害であり，現在でもわが国の森林における生物被害としてはもっとも大きなものの一つである．林野庁の統計資料によると，2000年以降でも毎年80～90万m^3の枯損木が生じており，西日本から広がった被害は，近年では東北地方への拡大が顕著となっている．マツ材線虫病によってマツ林はいたる所で衰退し，これにより，日本の森林風景は大きく変わってしまった．またマツ以外の樹種では代替が難しい海岸防風林や防砂林の衰退や，観光資源でもあるマツの美林の被害は経済活動にも少なからぬ影響を与えている．

マツ材線虫病の病原は長さ1mmたらずの線虫，マツノザイセンチュウ（*Bursaphelenchus xylophilus*）である．この線虫は元来日本には生息していなかった．分子系統などによる証拠から北アメリカ起源であると考えられており（Mamiya 1983; Iwahori et al. 1998），20世紀はじめに，輸入されたマツ材とともに米国から侵入したと考えられている．一方，日本における本種の主要な媒介者は，在来種のマツノマダラカミキリ（*Monochamus alternatus*）である．マツノマダラカミキリは，松枯れ発見の当初より被害木から多数見出されており，枯損の原因として疑われたこともあったが，実は主犯ではなく，病原体と密接な関係をもつ媒介者であった（マツ材線虫病の全般については，岸（1988），全国森林病虫獣害防除協会編（1997），二井（2003）などを参照）．

(3) マツ材線虫病の感染メカニズム

マツ材線虫病の最大の特徴は，外来の病原体（マツノザイセンチュウ）が在来の媒介者（主としてマツノマダラカミキリ）と緊密に結びついたことである．マツノザイセンチュウの原産地である北米では，マツノマダラカミキリは

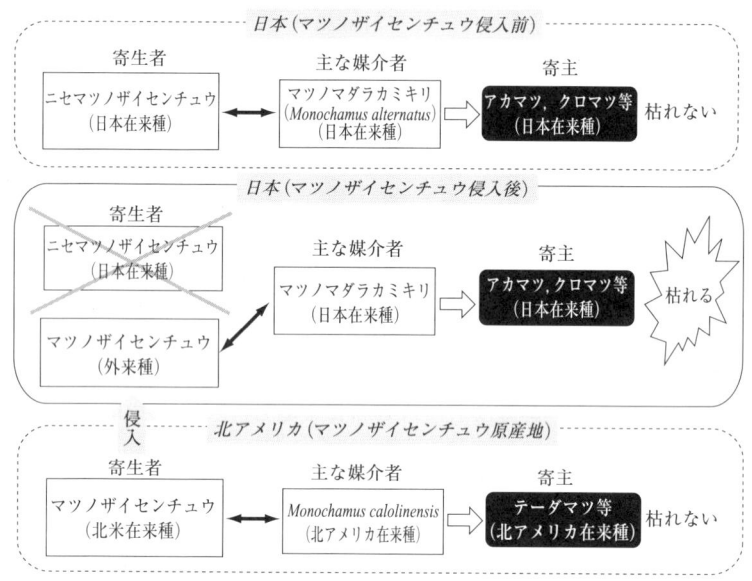

図4 マツ材線虫病をめぐる，寄生者—媒介者—寄主の3者の関係.
マツノザイセンチュウが侵入する前の日本（上）では在来種のニセマツノザイセンチュウがマツノマダラカミキリに媒介されていたが，マツに対する病原性はなかった．北アメリカ（下）からマツノザイセンチュウが日本に侵入すると，在来のマツノマダラカミキリが媒介者となり，抵抗性のない日本在来のマツが枯損するようになり，さらに，ニセマツノザイセンチュウは減少した（中）．

生息していないが，*M. carolinensis* をはじめとして同属の数種類のカミキリムシが分布し，彼らがベクターとなっている（槙原 1997）．日本へのマツノザイセンチュウの侵入は，線虫を宿した北米産のカミキリムシが材のなかにひそんだまま輸入され，羽化した成虫が野外に飛び立ち，在来のマツにセンチュウを感染させるという宿主転換により生じたものと考えられる．これにともない，媒介者も在来種のマツノマダラカミキリへと変化した（図4）．

マツノザイセンチュウとマツノマダラカミキリに見られる相互関係は非常に興味深い．マツノマダラカミキリの成虫はマツの樹皮（おもに健全な若い枝）を羽化後に食べる（後食）ことによって性的に成熟する．後食はこのカミキリにとって繁殖のための必須条件である．後食の際に樹皮についた傷口から，カミキリムシの体内にひそんでいたマツノザイセンチュウの幼虫がマツの樹体内に侵入する．その結果，マツの通水機能は著しく阻害され，枯死がもたらされる．一方，マツノマダラカミキリの雌成虫は，衰弱したマツから

出る揮発性物質に誘引され，その材に産卵する．材内で成長した幼虫は翌年蛹化し，羽化時に多数の線虫を体内に受け入れて野外に飛び出していく．

マツノマダラカミキリは衰弱したマツや枯死直後のマツにしか産卵できない．健全なマツには松ヤニによって幼虫を殺すなどの防御反応があるためである．また古い枯死木も餌として不適なため好まれない．そのため日本にマツノザイセンチュウが侵入する以前，マツノマダラカミキリは，被圧（他の樹木との競争）や気象害などによってマツの林内に少数発生する枯死木や衰弱木に産卵し，低密度で存続していたと考えられる．

しかしマツノザイセンチュウの侵入を境に状況は一変し，多量の枯損木がマツノマダラカミキリに豊富な繁殖場所を提供することになった．これによってマツノマダラカミキリの個体群はかつてないレベルへと増大し，マツノザイセンチュウのいっそうの伝播をうながした．そしてこれがさらなる枯損をもたらす原因となった．外来種と在来種とのあいだに形成された相利共生関係が，正のフィードバックループを作り上げたといえる．ただし，両者の関係はすべての面において相利的なわけではない．たとえば，線虫の保持数とマツノマダラカミキリの寿命とのあいだには負の関係があることが知られている（岸，1978; Togashi and Sekizuka 1982）．すなわち，保持する線虫の数が多くなると，カミキリの生涯産卵数は減少する．また在来種であるマツノマダラカミキリはもとより，外来種のマツノザイセンチュウにとっても，かりにマツが完全に絶滅してしまうと自らも絶滅する事態になる．

(4) 宿主転換によるマツノザイセンチュウの繁栄

マツノザイセンチュウの原産地である北米在来のマツ類はマツノザイセンチュウに抵抗性があり，基本的に枯れることはない．しかし，宿主転換した日本のマツに抵抗性がなかったことが，外来種のマツノザイセンチュウが大きな被害をもたらした第一の原因である．また1950年代以降，枯損木の燃料としての利用が減り，落葉の蓄積による富栄養化がマツ林の衰退に拍車をかけたことも否定できない．こうした事情のほかに，マツ材線虫病が激化した背景には生態学的に興味深い現象がある．日本にはマツノザイセンチュウの侵入以前から，ニセマツノザイセンチュウ（*Bursaphelenchus mucronatus*: 以下

ニセマツ)という近縁の在来種が生息していた．ニセマツはやはりアカマツやクロマツを宿主とし，媒介者はマツノザイセンチュウと同様のマツノマダラカミキリなど Monochamus 属のカミキリムシである．ただしニセマツには健全なアカマツやクロマツに対する病原性はほとんどない(神崎 2008)．ニセマツはおもにカミキリムシが衰弱木や枯損木に産卵する際に樹体に侵入することで生き延びてきたようである(軸丸 1996)．このように日本のニセマツは日本のマツに対し非病原性であり，Monochamus 属のカミキリムシがそれをマツに媒介している．この関係は，北米のマツノザイセンチュウが北米のマツに対しては非病原性であり，やはり北米の Monochamus 属のカミキリムシが媒介している関係とよく似ている(図4)．すなわちどちらの地域でも，在来線虫・在来マツ・在来カミキリムシの関係ではマツは枯れないのである．

　これに対して，外来種となったマツノザイセンチュウは，宿主転換した日本在来のマツに対しては病原性が強く(あるいは日本在来のマツの抵抗性が弱く)，媒介者のマツノマダラカミキリに寄生することによって，健全木を容易に枯らすことができるようになり，爆発的に増加した(図4)．つまり，アジアと北米に，それぞれ独自の宿主−病原体−媒介者の関係があり，その一部の病原体が外来種として北米からアジアに侵入した．そして在来の病原体と入れ替わったことにより，病原性と宿主の抵抗力の違いから，マツの集団枯損を発生させたと考えられる．

　その結果，日本各地の里山を広く覆っていたマツ林は激減した．また，北日本をのぞく各地のマツ林に広く分布していたニセマツは，マツノザイセンチュウの侵入後は著しく減少した．しかし，マツ林が減少したことにより，マツノマダラカミキリもマツノザイセンチュウもその生息場所を失いつつある．

　マツノザイセンチュウの侵入は日本以外，中国，韓国，台湾などの東アジア，またポルトガルでも生じており，それぞれが在来の Monochamus 属のカミキリムシを媒介者として在来マツを枯損させる，日本と同様な事態が進行している．

(5) マツ材線虫病の根絶

　激甚なマツの枯損を引き起こしたマツ材線虫病であるが，侵略的な外来種であるという側面があまり認識されていなかったために，防除対策も在来の病害虫と同列に考えられることもあった．しかしながら，少しでも生き残れば再び増加し，いつかは爆発的に増える侵略的な外来種であることを念頭に置けば，広範囲に同じようなレベルの，しかも不完全な対策をしても，その発生は抑えきれないことは容易に理解できる．ここでは，外来種としてのマツ材線虫病に対する防除戦略を検討しよう．

　マツノマダラカミキリという在来の媒介者を得て蔓延した外来種，マツノザイセンチュウを全国から一掃することはほぼ不可能である．進化的な時間を考えれば，マツノザイセンチュウに対して，在来のマツが抵抗性を獲得することはあるかもしれない．また，人為選抜により，ある程度の抵抗性をもつ系統はすでに作られている．抵抗性の獲得（付与）は中長期的な対策になろう．一方，マツノザイセンチュウによる枯損を食い止める現時点での現実的な方法は，重点地域（守るべき松林）を設定し，その内部で被害を限りなく小さくすること，いわばマツ材線虫病（マツノマダラカミキリおよびマツノザイセンチュウの両者もしくはどちらか）の地域的な根絶をはかることでしかない（吉田 2006）．これは，守るべき松林からベクターであるマツノマダラカミキリを徹底的に排除する方法を用いれば，決して不可能なことではない．

　周辺の被害地から完全に隔絶された場所であれば，マツノマダラカミキリが周辺から飛来し，マツノザイセンチュウを持ち込む可能性をゼロにすることができるので，地域的な根絶が可能である．この条件に適しているのは島嶼である．鹿児島県沖永良部島では，1977年に島外から持ち込まれた建築資材によってマツ材線虫病が発生し，1982年には2800m^{3}のマツの枯損があったが，特別防除（マツノザイセンチュウを媒介中の成虫を殺すための殺虫剤の空中散布）と伐倒駆除（枯れたマツ材内で成育中の幼虫を殺すために，伐倒し焼却するなどの駆除）が行われた結果，1990年にはマツ材線虫病による枯損はほぼなくなった．マツノマダラカミキリはその後も生息が確認されているが，枯損木からはマツノザイセンチュウは確認されていない（田實ら 2000）．

島嶼以外でも，マツノザイセンチュウの飛来源となる周辺地域を含めた駆除を徹底した結果，佐賀県虹の松原のクロマツ林では，1990年代前半に毎年1000本から2000本の枯損木があったが，現在ではマツ材線虫病による枯損は年間数本にまで激減した（吉田 2006）.

マツ材線虫病は，「見えない外来種」が侵入した際の恐ろしさと，対策の難しさを教えてくれる．とくに，原産地ではほとんど病原性がない生物（この場合はマツノザイセンチュウ）であっても，侵入先で抵抗性の弱い宿主（この場合はマツの在来種）や好適な病原体の媒介者（この場合はマツノマダラカミキリ）に出会った場合には，その生物間相互作用の結果，甚大な結果をもたらす可能性を示している．

4 送粉共生系への外来種の影響

(1) 外来ハナバチがもたらす影響

(a) 外来種としてのハナバチ

外来種は，マツ材線虫病の例にも見られるように個々の在来種に影響を与えるばかりでなく，在来の生態系や生物間相互作用に対して多くの攪乱を引き起こす．これまではおもに捕食-被食系と宿主-寄生者系について述べてきたが，ここではやや角度を変えて，しばしば相利共生系の代表として語られる送粉系において，外来の送粉者が在来の送粉者や植物にもたらす影響について考えてみたい．

送粉（pollination）は，動物が果たす生態系機能（ecosystem functioning）や生態系サービス（ecosystem service）の代表的な例として取り上げられることが多い．送粉者（pollinator）として種数がもっとも多いのは昆虫であり，現生の被子植物およそ24万種のうち8割以上は虫媒といわれている（Grimaldi and Engel 2005）．送粉者と植物との関係は，進化の歴史をとおして形態や生態が相互に適応しつつ形成されてきたものである．この送粉系の中に，新たな送粉者（外来送粉者）が侵入すると，さまざまな問題が生じる．

外来の送粉者として問題視されているものは，ほとんどがハナバチ類である（Goulson 2003; Traveset and Richardson 2006）．ハナバチはほとんどすべての種が成虫と幼虫ともに花粉や花蜜を餌としており，昆虫の中でももっとも多様で重要な送粉者である．したがって，ここでは送粉者としてのハナバチを取り上げる．外来のハナバチはいずれも養蜂や有用植物に対する送粉を目的として，意図的に導入されてきた．なかでもセイヨウミツバチ（*Apis mellifera*）はもっとも導入事例が多い．アフリカや西アジアを原産とするこの真社会性ハナバチは，南北アメリカ大陸・東アジア・オーストラリア・ニュージーランドなど世界中に持ち込まれている．日本には1877年に導入され，本土では野生化（養蜂用巣箱ではなく自然状態下でコロニーが存続すること）していないものの，小笠原諸島の一部で野生化し，樹洞などで営巣している（Kato 1992; 佐々木 1999）．またマルハナバチ類（*Bombus* spp.）もいろいろな種がヨーロッパから各地に持ち込まれている．日本でも，施設栽培の送粉者として輸入されたセイヨウオオマルハナバチが野外に逸出しはじめ，2006年に特定外来生物として指定された．これら真社会性ハナバチ以外にも，単独性のハキリバチも送粉者として導入された例はあるが（Goulson 2003），外来の送粉者による影響の点から見て，ほぼ全世界的に導入されていることや，大きなコロニーをもち採餌範囲も広い点でセイヨウミツバチの重要性はもっとも大きい．

(b) 外来ハナバチが送粉系に与える影響

外来送粉者がもたらす潜在的な問題は多々あるが（図5），Goulson (2003) は次の五つに大別している．①花粉や花蜜など餌資源をめぐる外来の送粉者と在来の送粉者との競争，②営巣場所をめぐる外来の送粉者と在来の送粉者との競争，③在来生物に対する寄生者や病原体の伝搬，④在来植物の結実率の変化，⑤外来植物の増殖の促進．ここでは送粉系に対する影響の観点からとくに重要と思われる餌資源をめぐる競争，在来植物の結実率の変化，および外来植物の増殖促進，の実態について見てみたい．

餌資源をめぐる競争　花粉や花蜜などをめぐって，外来と在来の送粉者とが競争していると思われる事例は多い．たとえば，カリフォルニアのサンタク

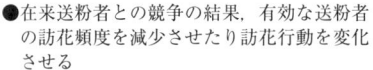

```
     メカニズム                          影響
┌─────────────────────────┐    ┌─────────────────────────┐
│●在来送粉者との競争の結果，有効な送 │    │ 在来植物に対する影響       │
│ 粉者の訪花頻度を減少させたり訪花行 │    │●結実率                │
│ 動を変化させる          │    │●オスの適応度（花粉の浪費）  │
│●在来送粉者が柱頭につけた花粉を外来 │──▶│●種子の質             │
│ 送粉者が奪う           │    │●個体群の成長          │
│●外来送粉者は植物への忠実度が低いた │    │●植物の遺伝構造の変化      │
│ め，他種の訪花により花粉を無駄にす │    │●雑種化              │
│ る                │    │                   │
│●花の性に依存した訪花頻度の差のため，│    │ 在来送粉者に対する影響     │
│ 受粉効率が減少する       │    │●個体群の成長          │
│●在来送粉者に比べて盗蜜や盗粉が多い │    │                   │
│●自家受粉を助長する       │    │                   │
│●柱頭につけた他種の花粉が本来の花粉 │    │                   │
│ と干渉し，有効な受粉を阻害する   │    │                   │
└─────────────────────────┘    └─────────────────────────┘
```

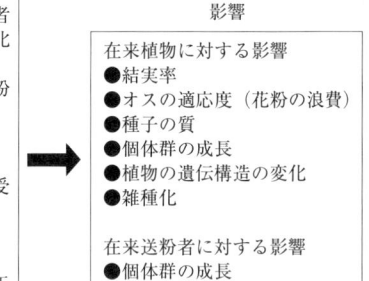

図5 在来送粉系に対する外来送粉者が与える負の影響とそのメカニズム．Traveset and Richardson（2006）を一部改変．

ルス島で島の半分からセイヨウミツバチの野生巣を除去したところ，ツツジ科の固有種（*Arctostaphylos* sp.）を訪花する在来のハナバチが急増した（Wenner and Thorp 1994）．これは，この植物におけるセイヨウミツバチの訪花が，在来のハナバチの訪花を妨げていたことを示唆する．また日本でもセイヨウミツバチが在来のニホンミツバチ（*Apis cerana*）の巣から盗蜜することがよく知られている（Sakagami 1959; 佐々木 1999）．こうした干渉型の競争ばかりでなく，セイヨウミツバチがその広い行動範囲と優れた動員能力や活動性によって好適な花資源から蜜や花粉をすばやく収奪してしまう消費型の競争を示唆する例も多い（Goulson 2003）．

　では外来のハナバチによって在来種の得る餌資源が減少し，産子数や生存率など適応度成分に負の影響が生じることがあるのだろうか．上記では「競争」ということばを用いたが，もしこうした適応度成分に負の影響が出ないとすれば，これらの「競争」の例は，外来種が在来種から資源を奪う例としては適当であっても，真の競争とはいえない．競争とは相手の適応度に負の影響を与える相互作用だからである．オーストラリアの Paini and Roberts（2005）は，養蜂用のセイヨウミツバチの巣箱が設置された場所とされていない場所とのあいだで，在来のメンハナバチの1種（*Hylaeus alcyoneus*）の営巣数，羽化した成虫の体重（親が貯蔵した資源量に依存する），巣あたりの卵数を比較した．この小形のハナバチは筒状の構造物に営巣するため，営巣ト

ラップを用いてこれらのパラメータを正確に測定することができる．その結果，卵数や成虫の体重には差が見られなかったが，営巣数（営巣密度）はミツバチの巣箱のある場所で有意に少なかった．しかしこの研究では個体あたりの産子数等がわからないので，適応度に対する影響は結局のところ明らかにはならなかった．

このように，外来のハナバチが餌資源を介して在来種の適応度に与える影響は必ずしも明らかでない．多くの研究においては，セイヨウミツバチと在来のハナバチの訪花植物の重複，前者による後者の採餌行動の妨害，後者の訪花頻度の減少などの観察に基づいて，繁殖成功度や生存率への負の影響を推測するにとどまっている (Paini 2004)．しかし，在来のハナバチの採餌がミツバチによって妨げられたとしても，前者が代替植物を潤沢にもっていれば，得られる資源量はさほど減少せず，個体群サイズや繁殖成功度にも差が出ないだろう．送粉者と植物との関係においては，スペシャリスト同士の緊密な関係はむしろ例外的で，多種対多種の拡散的な関係が一般的なので（大串 1993），外来のハナバチによる影響が検出されないことも考えられる．

しかし，これらのことから，外来のハナバチが餌資源をめぐる競争によって在来のハナバチの適応度に影響を与えないと結論するのは性急すぎる．いままで示されてこなかったのは，それを適切な方法で評価した研究が少ないということにすぎない (Paini 2004)．在来種の生存率や産子数を直接計測する研究が，今後はいっそう必要である．

在来植物の結実率などへの影響　在来植物の結実率の変化についてはどうであろうか．外来の送粉者との競争によって，在来の送粉者の個体群密度が減少することがあれば，そうした在来種に送粉を委ねている植物の繁殖成功は影響を被るかもしれない．また，在来のハナバチと相利的なパートナーシップを形成してきた植物に，外来のハナバチが訪花した場合，送粉行動の違いにより，在来植物の繁殖成功や更新に負の影響がもたらされるおそれがある．

野外への逸出が問題となっているセイヨウオオマルハナバチと在来のマルハナバチを用いて，北海道の在来植物に対する送粉能力を温室内で調べた例 (Kenta et al. 2007) によれば，セイヨウマルハナバチは花弁に穴を開けて盗蜜

をするなど，在来種と比べると正常な訪花行動をすることが少ないために，植物の結実率や種子サイズに負の影響が出る．また，オーストラリアに固有のノボタンの一種（*Melastoma affine*）では，訪花したセイヨウミツバチが，葯から花粉を採らずに柱頭についている花粉を横取りしてしまうので，結実率が大幅に減少する（Gross and Mackay 1998）．さらに，セイヨウミツバチと在来のハナバチが花の上で出あうと，前者が後者を排除する（大顎と脚でつかみ出す）行動が観察されている．ただし，セイヨウミツバチのいる場所といない場所で在来植物の結実率に差がない場合（カナリア諸島の *Echium wildpretii*; Dupont et al. 2004）や，ミツバチ類が在来植物の結実に対して正の影響を与えることも同時に知られている（オーストラリアの在来植物 *Banksia*; Paton 1995）．

一方，セイヨウミツバチによる在来植物への影響は，こうした短期的な繁殖成功の低下というより，むしろ，植物の遺伝構造の変化といった長期的な影響を懸念すべきという考え（Dupon et al. 2004）も提出されている．セイヨウミツバチなど真社会性のハナバチは旺盛な花粉や花蜜の採集者だが，鳥類など大型の送粉者と比べると，隣接した花間の移動を多く行うため，隣花受粉（geitogamy）による自家受粉を容易にしてしまい，それが植物集団の遺伝構造を変化させるという懸念もある．しかし，外来の真社会性ハナバチによる在来植物の訪花によって，他の送粉者よりも頻繁に自家受精が促進されたり，遺伝構造が改変された例は，まだ報告されていない（Butz 1997; Goulson 2003）．

外来植物の増殖の促進　もしセイヨウミツバチが在来植物よりも外来植物に多く訪花し，後者の送粉をより頻繁に行うならば，結果的に，外来植物の繁茂を促進することになる．外来種同士は互いに促進的な関係をもちやすいという，インベーダーコンプレックス（invader complex: D'Antonio and Dudley 1993），あるいはインベージョナルメルトダウン（invasional meltdown: Simberloff and Von Holle 1999）という仮説がある．送粉系にあてはめれば，セイヨウミツバチがもつ送粉者としてのすぐれた機能（ダンス言語による花資源への迅速な動員，効率のよい採餌行動，多量のエネルギーの必要性）と外来植物の多くがもつ性質（大きく目立つ花序などの特徴）など，分布の拡大と侵入に適した要素を互いにもつことによって，外来種同士の結びつきがより強固に

なり，分布を拡大しやすいというものである．

　これに関して，Morales and Aizen (2006) はパタゴニアで，外来植物と在来植物とのあいだで訪花者の種数に違いはないが，外来の送粉者は外来植物に訪花しやすい傾向があることを見出している．一方，大陸ではなく，二つの海洋島で同様の研究を行った Olesen et al. (2002) は送粉者と植物とのあいだにインベーダーコンプレックスの証拠を得ることはできなかったが，送粉者あるいは植物においても，少数の固有種が「スーパージェネラリスト」となっており，それぞれきわめて広範なパートナー（送粉者にとっては植物，植物にとっては送粉者）をもつため，結果として外来の送粉者や植物も入り込みやすくなることを見出している．

(2) 小笠原の送粉系に起きている変化

　外来種による在来種間の相互作用の変化についての研究は，その多くが島嶼におけるものである（Traveset and Richardson 2006）．島嶼生態系では一般に個々の種の個体群サイズが小さく，外来種がもたらす攪乱の影響も生じやすいからである．送粉系もこの例外ではない．ここでは，小笠原諸島の送粉系に起きている変化を見てみたい．

　小笠原諸島からは 10 種の在来のハナバチ類が記録されており，そのうち 9 種が固有種である（Kato 1992）．他の一種は定着していないので，実質的にはすべての在来のハナバチ類が固有種と考えられる．一方，小笠原には 1880 年頃に養蜂のためセイヨウミツバチが導入されたが（船越 1990），彼らはそのあと野生化し，有人島である父島や母島では樹洞などに営巣している．Kato (1999) は帰巣したワーカーの花粉分析に基づき，父島と兄島のセイヨウミツバチが，年間をとおして 20 種以上の植物から花粉を得ていることを明らかにした．

　現在，セイヨウミツバチは父島や母島でもっともふつうに見られる訪花昆虫である．これに対して，在来のハナバチを見かけることはほとんどない．さまざまな花の前で待っていても，ずば抜けて大型の種であるオガサワラクマバチ（*Xylocopa ogasawarensis*）を除いては，セイヨウミツバチ以外のハチを見ることは難しい．しかし小笠原の植物の多くは虫媒花で雌雄異（株）花の

ものが多い (Abe 2006) ことから，昆虫が重要な送粉者として機能していたと推定される．

この在来のハナバチ類の減少は，有人島の父島と母島ではきわめて顕著である一方，無人の属島ではあまり目立たない (Kato 1992, 1999; Abe 2006). Kato (1999) は，それら野生のセイヨウミツバチが生息しないか，もしくは少ない属島では，在来のハナバチの減少がほとんど見られないことから，この減少がセイヨウミツバチとの，花資源をめぐる直接的な競争の結果であるという仮説を提示した．セイヨウミツバチが父島や母島の在来のハナバチを駆逐したのであれば，在来のハナバチの減少とセイヨウミツバチの導入は時期的に一致するはずである (郷原 2002). 在来のハナバチの減少がいつはじまったのかについては，長期的なデータがない以上確かなことはいえないが，過去の断片的な採集記録から推測すると 1970 年代以降に起こったようであり (郷原 2002)，これは 100 年以上も前のセイヨウミツバチの導入とは一致しない．

近年，父島と母島では外来種のトカゲであるグリーンアノール (*Anolis carolinensis*) が島中に蔓延し，昆虫などを多量に捕食するため昆虫相に深刻な影響をもたらしている (苅部・須田 2004). 有剣類であるハナバチはむろん毒針をもつが，小型の在来のハナバチを実験的にグリーンアノールに与えると容易に捕食される．グリーンアノールは，父島には 1960 年代，母島には 1980 年代にもち込まれたとされる (苅部・須田 2004). 時を同じくして 1980 年代以降に，小笠原の他の多くの昆虫でも同様の減少が報告されていること (苅部・須田 2004; 槇原ら 2004)，この時期にグリーンアノールが島全体に広がっていたこと，またグリーンアノールの餌として大きすぎると思われるオガサワラクマバチがいまだにふつうにみられることなどを考えると，在来ハナバチが激減した原因はグリーンアノールによる捕食と考えるのが妥当であろう (Abe et al. 2008). むろん野生化したセイヨウミツバチの旺盛な採餌能力は，小形種の多い在来のハナバチ類の個体数や繁殖に何らかの影響を与えるだろうし，また森林の改変 (郷原 2002) などの生息環境の変化もまったく関係がないとはいえないが，固有ハナバチ類の減少の主因ではないと思われる．

こうした送粉昆虫相の変化が小笠原の植物に与える影響については，まだ

不明な点が多い．しかし，安部（2008）は，小笠原のセイヨウミツバチが外来植物を好んで訪花する一方，固有の植物については，たとえ訪花しても柱頭へ花粉が運搬されず，機能が劣る訪花者でしかないと指摘している．在来植物の繁殖成功に関する，さらなる詳細な研究が必要である．

5 小笠原に侵入した外来種の制御を目的とした群集理論の適用

(1) 小笠原の外来種

　前節では，送粉系に対する外来種の影響を考えるために，外来種が多く侵入している小笠原の生態系を例として取り上げた．小笠原諸島は，大東諸島とともにわが国では数少ない海洋島であり，これまで多数の外来種の侵入を受けてきた．その意味ではハワイなど太平洋諸島と同じく，外来種の群集への影響を研究するうえで，好適な場所である（Sherley 2000）．本節では，送粉者以外の外来種の影響とその制御について考えよう．

　小笠原に侵入した主要な外来種には，ヤギ（*Capra aegagrus hircus*），ネコ（*Felis silvestris catus*），ブタ（*Sus scrofa domesticus*），クマネズミ（*Rattus rattus*），メジロ（*Zosterops japonicas*），グリーンアノール，オオヒキガエル（*Bufo marinus*），ウシガエル（*Rana catesbeiana*），セイヨウミツバチ，アカギ，ギンネム，トクサバモクマオウ（*Casuarina equisetifolia*），ガジュマル（*Ficus microcarpa*），シンクリノイガ（*Cenchrus echinatus*）などがある（図6，7）．

(2) 外来種が更なる外来種の侵入を促進する

　小笠原の自然植生は樹高が10mを超える湿性高木林と，樹高が人の背丈より低い乾性低木林に分かれている．湿性高木林に侵入した植物のなかでも，在来植生に対する影響力がもっとも大きいのはアカギである．アカギは原生林にも侵入しているが，もっとも多く見られる場所は湿性高木林を切り開いて作られた戦前の畑の跡地（二次林）や攪乱地である．アカギの影響はおもに固有種を含む在来の競争樹種に及んでいて，ウドノキ（*Pisonia*

図6　小笠原に侵入した外来動物と，減少しつつある固有動物．
左上：グリーンアノール（外来種）　　　右上：ヤギ（外来種）
左下：セイヨウミツバチ（外来種）　　　右下：オガサワラツヤハナバチ（固有種）

umbellifera)・センダン（*Melia azedarach*）・アカテツ（*Planchonella obovata*）などはアカギの占有率の増加につれて減少した．(Yamashita et al. 2000; 田中ら 2009)．また，シマホルトノキ（*Elaeocarpus photiniaefolius*; 図7）は遷移後期の樹種で更新が悪いといわれてきたが，林冠ギャップにおいてアカギ稚樹を駆除すれば更新することがわかり，アカギの影響は明らかである（田中ら 2009）．小笠原に固有の亜種であるアカガシラカラスバト（*Columba janthina mitens*）は，スペシャリストではないが，シマホルトノキなどの大型の種子を好むため，アカギがシマホルトノキなどの在来樹種を駆逐してしまうと，大きな影響を受けると考えられている（高野 2001）．

　クマネズミは，シマホルトノキの種子をほとんど食べつくしてしまうので，シマホルトノキの実を好むアカガシラカラスバトと競争しているだけでなく，シマホルトノキの再生産を阻害しており（Kawakami 2008），シマホル

第 4 章　外来種問題と生物群集の保全

図 7　小笠原に侵入した外来植物と，減少しつつある固有植物．
左上：アカギ（外来種）　　　右上：ギンネム（外来種）
左下：トクサバモクマオウ（外来種）　右下：シマホルトノキ（固有種）

トノキとアカギの競争ではアカギに有利な条件を生み出している．つまり，図 8a で示した関係となる．その結果，外来種による捕食（または植食）が食物連鎖の下位に対してさらなる外来種の侵入をうながすことになるとなる．

こうして，外来種が在来種を直接減らす影響や，外来種が他の外来種の侵入をうながす影響，さらに前節で述べたような送粉系への影響によって，在来種によって構成されていた群集は，徐々に外来種が優占する群集へと置き換わって行く．それは単に 1 種類の外来種の問題だけでなく，群集全体が変化していくプロセスといえる．このような顕著な影響は，日本の陸上生態系では小笠原諸島だけにしか見られない．しかし，同様な状況は本土各地の止水域でブラックバスなどの外来魚が引き起こしている（日本生態学会 2002）．

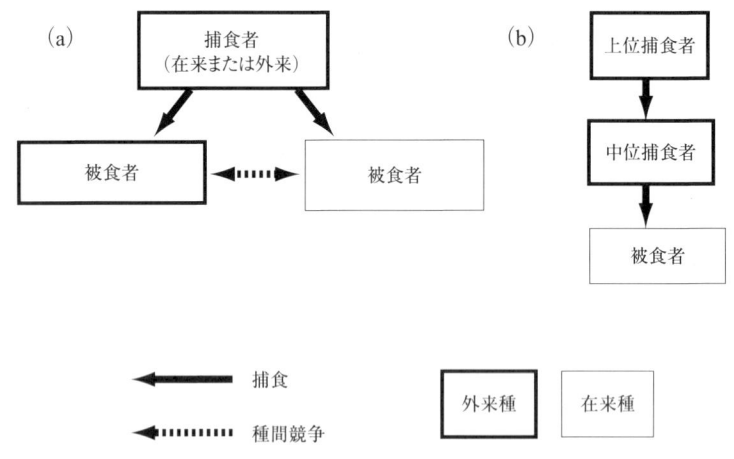

図8 外来種と在来種からなる3者系の例.
(a): 捕食者が下位の外来種と在来種の種間競争に影響する例（見かけの競争）.
(b): 上位捕食者を排除すると中型捕食動物の解放が生じる例（栄養カスケード）. 上位捕食動物が中位（中型）捕食動物の増加を抑えている.

(3) 小笠原における外来種の制御が群集に及ぼす影響

(a) 生態系の構成員として定着している外来種

　群集から侵略的な外来種を駆除することには大きな問題がないように思えるが，対象となる外来種がすでに生態系の一部として重要な役割を果たしている場合には，思いもよらぬさまざまな影響がある．とくに，外来種が捕食などによって，餌となる他の外来種を制御している場合は，慎重な対応が必要である．小笠原には多くの外来種が生息しており，そのような実例がみられる．島ごとに侵入した外来種は異なるが，1980年頃の父島の場合は，外来種と在来種のあいだに図9にその一部を示したような複雑な関係が生じていたと考えられる．図9の中で外来種が外来種を制御している関係は，たとえばヤギが外来植物を食べている例であり，ヤギの駆除により外来植物が増える可能性がある.

(b) ジェネラリスト外来種の排除

　ジェネラリストの外来種を駆除する場合，その影響を受けている在来種

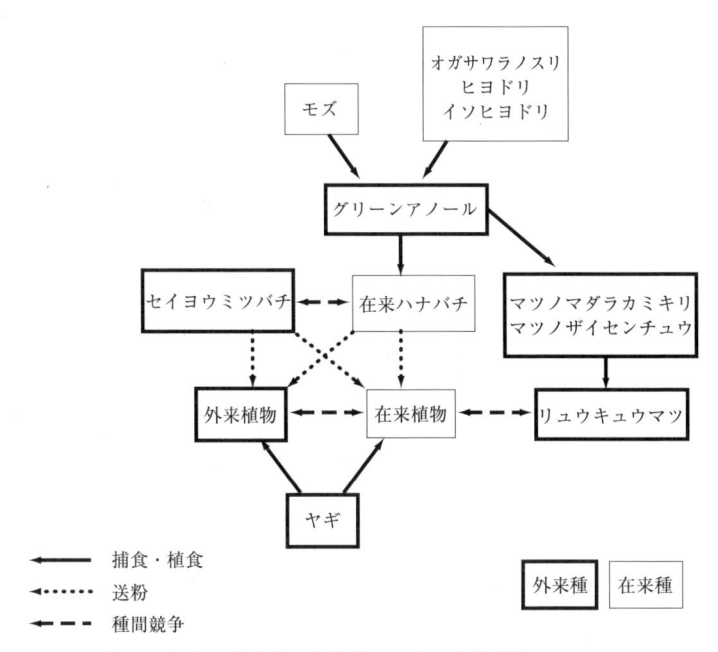

第 4 章　外来種問題と生物群集の保全

図 9　小笠原における外来種と在来種からなる生物群集.
父島におけるグリーンアノール, ハナバチ類, マツノザイセンチュウを中心とした生物間相互作用. マツノマダラカミキリは本土では在来だが小笠原では外来種.

と外来種のいずれが利益を得るかを予測することは難しい. たとえば, ヤギの食害により, 小笠原で独自に進化した樹木であるキキョウ科のオオハマギキョウ (*Lobelia boninensis*) が父島から絶滅する (市河 1992) など在来種に対する食害が目立つ一方で, 外来種のトクサバモクマオウ・シチヘンゲ (*Lantana camara*)・ホナガソウ (*Stachytarpheta jamaicensis*)・セイロンベンケイソウ (*Kalanchoe pinnata*) などはむしろ増加している. つまり, 図 8(a) で示した関係にあると思われる. そのため, 在来植物の保護を目的とした駆除事業が進められているが, ヤギを駆除した島では, ヤダケ (*Pseudosasa japonica*)・ホテイチク (*Phyllostachys aurea*)・ギンネムが増加しており, これらの外来種はヤギの食害によって抑制されていたことが明らかになった (東京都小笠原支庁 2007; 畑・可知 2009). ヤギの駆除の結果, これら外来種が増加し, 競争によって在来種を圧倒する恐れがあり, 早急な対策が必要である.

　また, 外来種の駆除にともなう人間活動によって, さらなる問題が生じる

可能性がある．外来種駆除のための資材，たとえばヤギの個体群に対する分断柵の持ち込みにともない，資材にまぎれてグリーンアノールやニューギニアヤリガタリクウズムシ（*Platydemus manokwari*）などの小型で個体数が多く制御が困難な外来種が侵入する恐れがある．また，ヤギ柵の設置工事で，オガサワラハンミョウ（*Cicindela bonina*）は，その最後の生息地が踏み荒らされて絶滅する可能性がある．これらは保全事業という人間活動に起因する問題であり，群集生態学の考え方を用いて対策を検討する事項ではないが，現実にはきわめて重要な問題である．兄島などのヤギの駆除事業では，これらの問題に対するガイドラインを設け，細心の注意を払って事業を行っている．

(c) 外来種を排除する戦略と順応的管理

　外来種の捕食者が食物連鎖において捕食者と被食者という2栄養段階の関係だけでなく，3栄養段階（またはそれ以上）に関わるような場合，すなわち，上位捕食者，中位捕食者（以下，中型捕食動物とよぶ），被食者の関係がある場合はさらに注意が必要である．その理由は，中型捕食動物の天敵からの解放（mesopredator release）といわれる現象が生じるからである．これは，食物連鎖の中位にある中型捕食動物は，上位にある捕食者により個体数が抑えられているので，上位捕食者がいなくなると，中型捕食動物の個体数が増加し，下位の被食者に著しい被害を及ぼすという現象である（図8(b); Soulé et al. 1988; Courchamp et al. 1999; Crooks and Soulé 1999）．小笠原のトンボは外来種のグリーンアノールによって絶滅の危機にさらされている．そのなかにあって，グリーンアノールがいまだ侵入していない弟島は，小笠原に固有のトンボの全種類が生き残っている唯一の島である．弟島の数少ないトンボの繁殖地には，外来のウシガエルが生息していて，固有トンボを捕食していると考えられる．一方，この島には小笠原で唯一ブタが生息しており，ウシガエルを食べている．ブタはもちろんウシガエル以外の餌も食べ，固有の陸産貝類を食害するジェネラリストだが，餌の少ないこの島で，ウシガエルの個体数を制御していることは確かと思われる．その結果，トンボをウシガエルが食べ，ウシガエルをブタが食べるという，外来種と固有種による3栄養段階にわたる食う食われる関係がある（図8(b)）．もっとも容易な外来種駆除の方

法は，個体数の少ないブタを根絶することであるが，それはウシガエルという中型捕食者の増加をもたらし，固有のトンボ類の絶滅の可能性があった．そのため，最善の対策はウシガエルの根絶を先に行うことであり，これに沿って自然再生事業が進められている（社団法人日本森林技術協会 2006）．

　中型捕食動物の天敵からの解放を避けるためには，外来種の除去は食物連鎖の下位に位置する外来種（中位捕食者）から行う方がより安全だと考えられる．上位外来種が下位の外来種に依存している場合は，下位の外来種の除去だけでも上位外来種の個体数の減少も期待できる．もちろん下位の外来種の除去にともなう影響についても検討する必要はある．実際には，成長と性成熟が遅く，個体数が少ない食物連鎖の上位にある大型の外来種と比較して，食物連鎖の下位の外来種を除去するのは技術的に難しい．やむをえず上位の外来種を先に除去する場合には，除去事業にともなう影響を予測し，モニタリングする必要があるだろう．そして，その結果に基づき，次の対策を立てて実行する，順応的管理が求められる．

(4) 外来種対策をどう進めるべきか

(a) 研究と外来種の対策事業

　外来種対策は多くの場合，火急の事態であるために，実態解明が不十分なまま行われることが多い．外来種と群集を構成している在来種の相互作用について十分な調査の後に対策事業を実施すべきという議論もあるが，これは正しくもあり，間違ってもいる．

　基礎研究から応用研究にいたるまで，研究は基本的に学問的成果を求めることが主目的である．それに対し，防除対策に必要な実践的な技術開発は取り残されていた傾向があったが，外来種の研究が活発になるに従い，学問的な成果だけでなく，外来種対策に必要な技術開発も進められるようになってきた．しかし，対策事業と研究は別々の仕組みや予算に基づいているため，対策事業に必要な研究が必ずしも組織的になされているわけではない．研究が不十分だからという理由で，対策事業をいたずらに遅らせるべきではないが，生態系への影響を最小限にするためには，外来種の駆除を行う行政と研究との一層の連携が望まれる．

また，外来種は，それと同じ分類群の競争相手だけに影響するのではないので，群集を構成する各生物群の研究者相互の協力関係も欠かせない．たとえば，外来鳥類の侵入は，その餌となる昆虫・植物，それに受粉や種子分散で利益を得る植物に対して幅広く影響する．それにもかかわらず，このような場合でも鳥の研究者は鳥以外の生物には詳しくないので，もっぱら競争する鳥のことだけを取り上げがちである．そして競争関係の研究に基づき，しばしば行政に外来鳥類の対策を提言する．しかし，外来鳥類の影響が主に他の生物群に生じているなら，その提言は見当はずれになる．その場合は，影響を受ける生物の研究者が警告を発する必要がある．間違った結論に陥らないようにするために，学会などの場で常に現状を公表し，提言についての議論の透明性を高めることが望ましい．

　外来種対策や自然再生事業においては，可能な限り事前および同時並行的に外来種を取り巻く群集の構成種との相互作用を明らかにする必要がある．また，その成果をリアルタイムで事業に取り入れる体制が必要である．さらに，基礎研究であれ，対策のための応用研究であれ，実際の事業展開に応用するためによりよい代案を提言する必要がある．そこには群集生態学からの視点，個体群生態学からの視点，進化学からの視点，農業や林業など応用生態学の視点など複数の視点が必要である．

(b) 小笠原での実践

　実際に小笠原で行われているおもな自然保護事業は研究と行政の連携の下で進められている．しかしはじめからそのように取り組まれたのではなく，まず空港建設問題をめぐってそれを推進しようとする行政と生態系の保全を訴える研究者が対立した時代があった．つぎに，各行政機関が個別に自然保護事業を行い，それに従って研究者も個別に行政に対応した時代を経て，研究者のネットワークの形成と行政機関同士の連携ができてはじめて可能になったのである．

　もちろん，このような連携は簡単にはできない．まずは研究者同士がそれぞれの研究対象となる生物の現状と問題を共有することが必要である．当初，研究者の多くは学問的に関心の高い固有種を対象としていたため，外来

種を対象とする研究者は少なかった．しかし，それぞれの研究対象である固有種の減少のおもな要因が，外来種にあることが明らかになるにつれ，情報を共有する必要性が認識されるようになった．研究者は往々にして研究対象とする生物の情報には精通しているが，研究対象以外の生物の情報はなかなか得られない．また研究対象生物の分類群ごとの学会にだけ出席していると，情報の交換ができない．たとえば，1970 年代にはじまった固有昆虫類の減少の原因は不明であったが（山崎ら 1991），同じ時期に爬虫類学者はグリーンアノールの分布が拡大していることを報告しており，オガサワラトカゲ（*Cryptoblepharus boutoni nigropunctatus*）への影響を心配していた（鈴木・長谷川 1985）．この二つが結びついたのは 2000 年以降である（苅部 2002；苅部・須田 2004; Yoshimura and Okochi 2004; Okochi et al. 2006）．情報の共有を促進するために，三つのことが実行された．一つは，関係者間のメーリングリストである．これにより，いつでも情報交換が可能になった．つぎに，毎年，日本生態学会大会で集会を開くことにした．各人がそれぞれ関係の深い学会の大会に参加するだけでは得られない情報交換をするとともに，外来種対策について幅広い意見を求めるためである．最後に，関係者が協力しあう研究プロジェクトを立ち上げることを目指した．幸いにして応募したいくつかの競争的資金の一つを獲得することができたので，その後の研究者の連携が進むとともに，行政が必要とする研究の推進に貢献できるようになった．

　研究者の連携につづき，行政との連携も進んだ．小笠原では，東京都，小笠原村，小笠原総合事務所国有林課の三つの事業主体がそれぞれの事業を行っていた．研究者も関連する行政組織とのみ連携する傾向があったが，研究者が連携して行政の要求に応えるようになった結果，いろいろな生物群の研究者の意見を聞く必要性が行政にも認識されて，事業に関する委員会やヒアリングには幅広い研究者の参画が求められるようになった．さらに環境省の小笠原自然保護官事務所が小笠原に設置され，行政間の調整や連携も進んだ．

　この動きを加速したのが世界自然遺産への登録の準備である．世界自然遺産の求める管理には，地元住民の参加がうたわれている．そのため，行政のみならず，地元の利害関係者（stakeholder）である，エコツーリズム協議会・

漁協・観光協会・地元の自然保護NPOなども含まれた地域連絡会が作られている．研究者は地域連絡会ではなく，科学委員会で議論することになっているが，両方に関係している地元自然保護NPOが重要な役割を果たしている．外来種対策には，行政と研究者の連携はもちろん必要であるが，やはり地元住民の合意形成と参加がなければ大きな進展は望めない．その点，地元の自然保護NPOやボランティアとの連携は重要である．さらに，合意形成のための社会科学的な研究もまた必要である．

　異分野の研究者が連携することはなかなか難しい．しかし，理論よりもまだ経験則に頼らざるをえない外来種対策においては，異なる分野の研究者が参加するチームを作るということが対策の要になると考える．

6 おわりに

　外来種の侵入から定着にいたるプロセスを群集生態学の問題としてとらえ，さまざまな生物間相互作用，とくにスペシャリストの天敵の有無によって説明する試みは，原産地からのスペシャリスト天敵の導入による制御の成功例からもかなり確かといえる．また，「生態的抵抗性」が，在来の天敵や資源をめぐる種間競争に関係していること，人為的な生態系の攪乱が外来種に定着の好機を供給すること，食物連鎖の下位の在来種に影響が出やすいことなど，これまで経験的にいわれてきたことと矛盾しない．これらは，外来種対策を考える際には十分に考慮されるべき重要な事項といえよう．

　一方で，まだまだ予測が難しいこともある．どのような種が外来種として侵入・定着できるのか，さらには分布域を拡大し，生態系に大きな影響を与えるようになるかは，わからない点が多い．それぞれの生態系で個別に進化してきた生物が新たに出あう．その結果はまだ予測がつかない．これは外来種のリスク解析の主要な問題の一つである．そのためか外来種のリスク解析では，繁殖力などの種の能力だけでなく，これまで外来種として問題となったことがあるかという，経験則が含まれている（Daehler et al. 2003; Kato et al. 2006）．

このように，外来種対策に関しては経験則に頼らざるをえない．Elton (1958) は，多数の生物種が毎年新しい土地に上陸を試みるがほとんどは失敗していると述べている．その要因が「生態的抵抗性」なのであろうが，逆にいえば，定着に成功した外来種は生態的抵抗性を打ち破った種でもある．つまり，かなり例外的な種が外来種として成功している．

そのため，生態系を豊かにして生態的抵抗性を高め外来種を封じ込めるという Elton の夢の実現は難しい．なぜなら，問題となっている種は，その生態的抵抗性を打ち破って侵入してきた「精鋭」であるからだ．さほど問題となっていない種なら，Elton の方法も適うかもしれない．たとえば，農耕地や宅地の庭など人為の影響が著しい環境に侵入した「外来害虫」ではそのチャンスがあるかもしれない．

見えない外来種としての微生物は，症状の現れない潜伏期間の存在や，生活史の中で一時期寄生する中間宿主の存在，さらに季節ごとに宿主を変える宿主交代などにより，対策の難しいケースが多い．日本への外来種としては最大級の影響を生態系に与えたマツ材線虫病を例として詳細に述べた．この種の場合，最大の特徴は宿主転換だけでなく，在来の競争種を媒介していた媒介者をいわば「乗っ取る」形で，生態系の中に定着したことである．マツ材線虫病の経験は外来種対策として何が重要かについて，多くの示唆を与えてくれる．まず，全国にわたる恒久的な措置は経済的・技術的に難しい場合があるので，守るべき拠点を隔離し，地域的に根絶することが可能ならばそれが望ましい解決策である．実際に沖永良部島でそれがなされた．しかし，根絶のためにはマツ林の所有者や住民を含めた地域の合意が必要であり，簡単には達成できないが，このことはすべての外来種対策で留意すべき点である．

在来種に目に見える影響を与える捕食者・競争者・微生物だけでなく，植物と相利共生にある送粉者が外来種に取って替わられた場合を詳細に検討した．送粉系は植物と昆虫がときに共進化する関係であり，外来昆虫に入れ替われば影響は必至と考えられる．セイヨウミツバチなどの影響は，これまで限定的とされてきた．しかし，小笠原においてセイヨウミツバチの影響があるとする Abe (2006) の報告を見ると，今後の研究により，送粉系に外来種

が侵入することの影響が次第に明らかになってくるだろう．

　外来種対策を行うときには，外来種を取り巻く生態系のさまざまな構成種を研究している研究者やNPOなどの関係者がチームを作って連携することの必要性を述べた．よかれと思ってなされる保護対策や外来種対策もまた，群集に対して思わぬ影響を与えることがあり，最悪の場合は事態をさらに悪化させる可能性もある．多くの研究者が理論と経験の双方を活かして，行政や地域の人々との合意を目指して柔軟に対応することが，外来種問題の解決には必要なのである．

第5章

農業生態系の修復
コウノトリの野生復帰を旗印に

内藤和明・池田　啓

Key Word

アンブレラ種　コウノトリ　再導入　自然再生　地域社会

　生物多様性は群集の安定性と密接に関わっている．その喪失は生態系サービスを低下させ，人間の生活にも大きな影響を与えるだろう．環境修復によって生物多様性を回復させる手法の一つに，アンブレラ種を指標にして地域全体の生物群集の復元を目指す手法がある．コウノトリの再導入では，多様な餌生物を含む生物群集を復元するという目標を設定し，ハードとソフトの両面から，生息地である二次的自然の環境修復が進められてきた．すなわち，水田や河川の生態系の自然再生による餌生物群の生息環境の改善を通して，群集生態学的な視点から食物網を復元する試みが実践されている．しかし，一度破壊された生物群集を復元するのは容易ではなく，かつての群集にそのまま戻すことは人が居住する地域においては現実的でないことも多い．生態学的なアプローチに加えて，地域社会との折り合いなど，社会的合意の形成も重要である．総合的な視点を基に，不確実性を念頭に置いた順応的管理が環境修復の鍵である．

1 はじめに

　20世紀の後半は，自然界に生息する多くの生物にとって，受難の時代であった．野生生物のおかれた状況を調査し絶滅危惧種のリストを作成する作業が，早い国では1970年代から行われ，その結果，危機的な状況がつぎつぎと明らかになった．日本でも1980年代の後半から同様の調査が行われるようになり，多数の種が絶滅の危機に瀕していることが確かめられた．このような状況を踏まえ，単一種の保全の問題に留まらず，遺伝子・種・群集・景観等の異なる階層を生物多様性という概念でとらえ，それを持続可能な状態で保全することの重要性がますます認識されるようになった（Wilson and Peter 1988）．なぜ生物多様性を保全しなければならないのだろうか．この問いに対しては，進化の産物という歴史的価値，同じ地球上の生命という倫理的価値，人の歴史とともにたどってきたという文化的な価値，育種や薬の原料など遺伝子資源としての価値，環境改変の指標としての価値など，人類が受ける恩恵をその根拠として，生物多様性の重要性が説明されている（たとえば岩槻1990）．それに加えて近年は，生物多様性の総体である生態系が提供する価値を「生態系サービス」（Costanza et al. 1997）としてとらえ，資源の供給・環境調節機能・文化的（社会的・精神的）機能といった面から人間の生活を支える基盤とみなされるようになってきた．

2 生物多様性と群集の安定性

(1) ミレニアム生態系評価と生態系サービス

　生物多様性がもたらす恩恵を生態系サービスとしてとらえる見方は，国連の主導の下に2001年から2005年にかけて行われた「ミレニアム生態系評価」で一層注目されることとなった．このプロジェクトは，20世紀後半のおよそ50年間を対象にして，人間活動が生態系に及ぼした影響を世界的規模で

分析し，今後の50年を四つのシナリオに沿って予測したものである（World Resources Institute 2005）．その中では生態系サービスという概念を前面に出すことで，人類にとっての生態系の価値が端的に示されており，「人間の幸福（human well-being）」を実現する土台として，生態系サービスの維持が必要不可欠であることが示されている．それにもかかわらず，種の絶滅は化石記録から推定される過去の値の1000倍もの速度で進行しており，将来はさらにその10倍に達するという試算に表わされるような深刻な状況に陥っている（World Resources Institute 2005）．ミレニアム生態系評価では生物多様性の喪失が生態系サービスを崩壊させるという問題が強調されているが，生物群集の視点はほとんど考慮されていない．しかし，すべての種は複雑に張りめぐらされた生物間の相互作用の中で存続していることからすれば，生物多様性を維持する機構として群集構造を理解することがたいへん重要である．

(2) 生物多様性が群集の安定を促進する

生物多様性は植物群落の一次生産力や群集の安定性に影響を与えている（Purvis and Hector 2000; McCann 2000）．マイクロコズムのような制御された実験系で研究を行う場合に比べて，野外実験では実験の設定と維持に多大な労力がかかるため，厳密な条件設定が困難である．それでも，生物多様性が作物の収量や害虫の動態などに与える影響を明らかにした研究がいくつかある．アメリカ合衆国で1982年から行われた草地における大規模な野外実験により，区画単位で見た植物群落の種多様性と現存量の時間的変化には負の相関があること，つまり多様性が高い群落は一次生産力を安定させることが確かめられた（Tilman et al. 1996）．また農業生態系を対象にした研究として，中国の水田で行われた大規模な野外実験がある．この研究では，サビ病に弱いイネを，抵抗性をもつイネと混植した場合，単独で栽培した場合に比べて被害が著しく減少し収量が増加した（Zhu et al. 2000）．同様に，作物の単作と混作が節足動物の個体群密度に及ぼす影響を417件の研究から分析した結果では，多くの例外があるものの，全体としてみれば混作には害虫の個体群密度を低下させ天敵の個体群密度を上昇させる効果があると考えられた（Andow 1991; 桐谷 2004）．

一般には，生物多様性が高いほど一定の環境条件や攪乱に対して異なった反応を示す種が群集の中に含まれる可能性が高まる．また，機能的な特徴が似通った種が複数含まれることとなり，生態系の機能が一部損なわれたときにも他の構成種によってその機能を補うことができると予測される．この理論的予測は「保険仮説（insurance hypothesis）」とよばれている（McCann 2000）．すなわち，生物多様性は個体群レベルの安定性よりもむしろ群集レベルでの安定性に寄与しており，生物多様性の維持には捕食や競争などの種間相互作用が重要な役割を果たしている（McCann 2000）．さらには，食う食われるという直接的な種間相互作用だけでなく，近年注目されている栄養カスケード（たとえば，Katano et al. 2003）のような間接的な相互作用も群集構造を決定する要因となるため，生物多様性の維持機構の解明や保全策の検討には群集の視点が不可欠である．

(3) 里地・里山の生物多様性の危機

　生物多様性は生態学の基本概念として定着し，それを保全することへの社会的理解も得られている．かつては多様性が失われると何が起きるのか，また保全の目標をどこに置くかについては必ずしも合意はなかったが，現在では，生態系サービスを維持するための根幹としての重要性が認識されはじめている（たとえば，環境省 2007）．前述したように，生物多様性が高いと，植物群落の一次生産力が安定したり収量が高まったりといった効果や，害虫の密度を低下させ天敵の密度を上昇させる効果などがあると考えられている．自己復元力が強い安定した生物群集を将来にわたって持続的に保つことが人間の生存基盤を維持する観点からも求められているのである．

　日本の生態系の特徴の一つは，長年にわたり人が居住してきた里地・里山に代表される人為的な環境の下で生物群集が維持されてきたことである．環境省の植生自然度区分によれば，自然植生は日本の国土の 19％を占める．しかし，その多くは北海道に分布しており，本州以南の地域には自然植生はほとんどなく，二次林や農耕地などの二次的な植生が大部分を占めている（環境省自然保護局 2004）．二次的な植生は自然植生に比べて生物多様性の維持に果たす役割は小さいと想像されるかもしれない．ところが，絶滅のおそ

れのある野生生物をまとめたレッドリストには，里地・里山に分布する動植物が多数収録される事態となり，二次的自然における生物の絶滅が大きな問題となっている（環境省野生生物課 2000, 2003）．メダカやタガメなどの水生動物，キキョウやフジバカマなどの草地・原野の植物，コウノトリやトキなどの鳥がその例であり，その中にはかつて全国の農村でふつうに見られた生物が多く含まれている．里地・里山における絶滅危惧種の増加は，人間が居住する地域における生物多様性が急速に失われつつあることを物語っている．

2002年に策定された「新・生物多様性国家戦略」では生物多様性が喪失する原因を三つの危機に大別している．つまり，人間活動にともなう要因によって引き起こされる生物多様性への負の影響（開発による環境改変や生息地の分断・破壊など）を第一の危機，自然に対する人為の働きかけが縮小撤退することによる影響（薪炭林や採草地の利用放棄，水田の耕作放棄など）を第二の危機，移入種（外来生物）による生態系攪乱を第三の危機としている（環境省 2002）．里地・里山の二次的自然における生物の絶滅はとくに第二の危機に密接に関連し，日本における生物多様性保全の主要な課題として対策の必要性が認知されており，その後策定された「第三次生物多様性国家戦略」においても依然としてこの危機が進行していることが示されている（環境省 2007）．

3 コウノトリを核にした食物網の復元

(1) 自然再生事業と生物群集の再生

破壊された生態系が自然の作用で回復するには，原因が取り除かれたとしても長い年月がかかる．また土地が完全に改変されてしまった場合や，移動により定着できる生物が周辺にいない場合には，自然の回復力による修復が不可能なこともある．このような場合に，望ましい生態系を人為的に再生あるいは創出する自然再生が注目されている．とくに，2002年の「自然再生推進法」の施行以降は，自然再生を目的にしたさまざまな取り組みが公共事業

として行われるようになった.

　自然再生において重要な目標の一つである生物多様性の回復を考えたときには，生物多様性の具体的な中身が問われることになる．フロラやファウナのような生物種のカタログとして生物多様性をとらえるよりも，多様性の構造と機能そして相互関係を表す群集として生物多様性を理解し再生することがはるかに重要となる．ある地域の生物群集の健全性を総合的に評価するならば，生息のために多くの餌資源や広い面積の生息地を必要とする大型の高次捕食者，すなわちアンブレラ種を指標として用いるのが効果的である．そのような生物が生息するためには，生息地の環境を形作る植物群落や食物網の下位に位置する餌生物を含む豊かな生物群集の存在が前提となるからである．

　絶滅が危惧された動物個体群を再び野外に確立する手法の一つに「再導入 (re-introduction)」がある．古くは1940年代から行われているが成功したものは少なく，145例のうち16例に過ぎない (Beck et al. 1994)．1990年代以降に再導入が試みられ，事業が継続されている種の中には，クロアシイタチ (*Mustela nigripes*) やイベリアリンクス (スペインオオヤマネコ: *Linx pardinus*) のように，比較的少ない種類の餌生物に依存しているものが目につく．クロアシイタチは北アメリカに生息する種で，プレーリードッグを主要な餌としている (Baillie et al. 2004)．イベリアリンクスはリンクス (ヨーロッパオオヤマネコ: *Linx linx*) とは別種のイベリア半島に生息する固有種で，ウサギを主要な餌としている (磯崎・羽山 2005)．クロアシイタチもイベリアリンクスも，主要な餌である特定の動物種の減少が個体数の減少を招いた主な要因の一つであり，再導入にあたっては，餌生物を増加させることが重要な課題となっている．

　一方，絶滅した原因が他にあるものには，再導入が困難なものも見られる．グアム島に生息していた固有種のグアムクイナ (*Rallus owstoni*) は飛翔能力をもたず，生息地の破壊に加えて，外来種のヘビであるミナミオオガシラによる捕食によって激減し，ついには絶滅にいたった (羽山 2006)．グアムクイナは1998年から再導入が試みられたが，捕食や飢餓による死亡などにより成功にはいたっていない (羽山 2006)．

これらの絶滅危惧動物の再導入事例では，捕食者か被食者かの違いはあるが，比較的単純な食物連鎖のモデルを想定することができる．したがって，特定の餌生物を増加させる，あるいは特定の捕食者を減少させる対策を講じながら，再導入する種の生活要求を満足させるように生息地の環境を改善することが重要な課題であろう．

　一方，本章で詳しく述べるコウノトリの野生復帰事業は，上に述べた事例と同様，再導入によって絶滅危惧動物の個体群を復元するものであるが，コウノトリの生息を支えるような餌生物群集を復元させることを当面の目標としている点において異なる．これは，コウノトリの餌生物が特定の少数の種に留まらず多様で，採餌場所も変化に富んでいるためである．したがって，コウノトリの野生復帰事業はアンブレラ種を利用した環境修復モデルでもあり，さまざまなハビタットにおける自然再生が必要となる．

(2) コウノトリを核にした自然再生

　これまでの自然再生では絶滅危惧種や優占種など特定の生物種の保全や復元を目指したものが多く，群集の再生を目的にしたものは少ない．これは特定種の個体群や植物群落の保全を目標とする場合に比べて，群集は複数種で構成されるために構成種間の相互関係がさまざまであり，具体的な基準や目標値の設定が難しいためと考えられる．コウノトリの野生復帰事業においては群集構造の復元を念頭に置きながら，その目標とする姿は「コウノトリが舞う里」というわかりやすいイメージで描かれている点に特徴がある．

　コウノトリは翼開長が2m，体重4～5kgに達する大型の鳥で，現在はロシアと中国の国境地帯を流れるアムール川（黒竜江）流域をおもな繁殖地としている．かつては日本でも各地に生息していたと言われるが，戦中から戦後にかけて個体数が激減し，兵庫県北部の豊岡盆地が唯一の主要な生息地となった（池田 2000）．その後，兵庫県豊岡市で飼育下での増殖を目指すために1971年に捕獲された個体を最後に野生の繁殖個体群は絶滅した．豊岡では飼育による増殖の取り組みが1965年から行われている．長いあいだの飼育努力を経て，1989年に初めて飼育下での繁殖に成功し，飼育個体を野外に放す再導入が2005年からはじまった．コウノトリの保護・増殖の当初は，

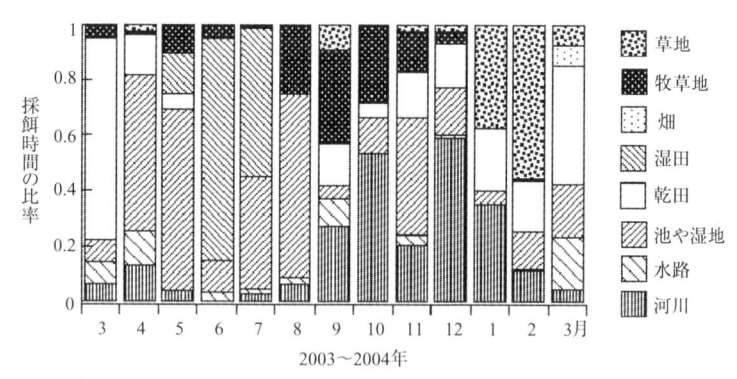

図1 豊岡盆地に飛来した野生コウノトリの採餌場所選択.
月あたり，平均24.2（最小19）日，平均184（最小126）時間の直接観察に基づく．Naito and Ikeda (2008).

繁殖を成功させ飼育下での個体数を増加させることと，複数の創設ペアを確立し飼育個体群の遺伝的多様性を確保することに重点が置かれたが，再導入が計画された時点から野外での生息環境を復元することが重要な課題と認識されるようになった（内藤・池田 2001）．後述するように，現在はコウノトリの野生復帰を支えるさまざまな環境修復の取り組みが展開されている．

コウノトリは日本ではいわゆる里の鳥で，水田地帯を主要な採餌場所としている．2002年に豊岡盆地に偶然飛来した野生個体の観察から，季節によって異なる採餌環境を利用していることが把握できた．水田が湛水する5月から7月にかけては水田地帯での採餌時間の割合が高いが，9月頃を中心に河川敷に広がる牧草地での採餌時間の割合が高くなり，10月以降には河川での割合が高いという結果になった（図1）．採餌場所を変えるということは，主要な餌生物を季節ごとに変えるということである．野生個体や放鳥した個体を観察すると，コウノトリは灌漑期の水田や水路ではドジョウ，フナやカエル類（幼生および成体），アメリカザリガニなどの小動物を，非灌漑期の水田や畦畔，河川沿いの牧草地ではバッタ類，トンボなどの昆虫を，河川ではボラやナマズなどの魚類を採餌し，さらにはヘビなども捕食することがわかった（図2）．採餌場所に生息する一定サイズ以上の動物のほとんどを餌メニューとしているようである．このように餌生物の生息環境も分類群も多岐

第 5 章　農業生態系の修復

図 2　コウノトリを中心とした食物網.
(著者ら 未発表).

にわたるため，コウノトリが野外で生存していくためには，単一の採餌場所において餌生物群集を維持する方策を考えるだけでなく，さほど広くない生息域の中に多様な採餌場所をどのように組み合わせるかが課題となる．

　大型で寿命の長い高次捕食者が生息するには豊富な餌生物が必要である．かつての豊岡盆地には，さまざまなハビタットにそれぞれ特徴的な食物網が成立しており，それを構成する多くの生物が，コウノトリの生息を支えていたと考えられる (図 3)．一方，コウノトリは生息域の中に存在するさまざまな採餌環境を使い分けていたであろう．コウノトリの絶滅の過程は，本種を支えていた多様な餌生物群集が，農薬等による汚染や生息環境の悪化によって崩壊する過程でもあったと考えられる．そのため，コウノトリを野生に復帰させ繁殖個体群を確立するためには，さまざまな環境修復技術を用いて本種を頂点とする食物網を再構築することを目標にしなければならない．

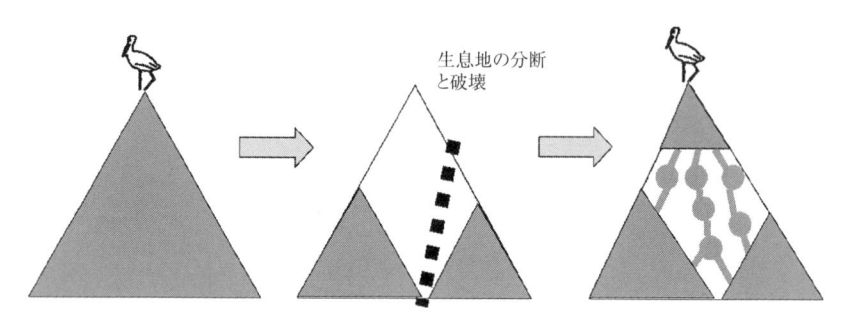

図3　コウノトリをアンブレラ種とした環境修復の概念図.

(3) 水田生態系の現状と改善の方策

　豊岡盆地におけるコウノトリの個体数の減少と絶滅に関与した要因としては，営巣木の伐採，農薬による汚染，個体数の減少にともなう近親交配による影響などがこれまでに指摘されている（池田 2000）．中でも農薬は，餌生物の減少や農薬に汚染された餌生物を採餌したことによる有機水銀などのコウノトリの体内への生物濃縮をもたらした．コウノトリやトキには高い飛翔能力があり，環境条件が良い地域に移動できるにもかかわらず絶滅にいたったことから，水田農業技術の近代化により餌生物群（魚類，両生類，水生昆虫など）が広域で激減した影響を重視する見方もある（日鷹 1998）．

　コウノトリの餌となる生物群集にとって，現在の豊岡盆地はどのような状態であろうか．水田と水路でコウノトリの餌生物の密度を調査した結果では，水田内と水路で生物全体の密度には有意な差はなかったが（図4；内藤・池田 2004），魚類に関しては水路での密度が5月と6月に有意に高かった．その原因として，豊岡盆地の水田地帯はほぼ例外なく圃場整備が行われ，用水路と排水路が分離されており，排水路と圃場内を生物が往来するのが困難であることが考えられる．さらに，非灌漑期には一般に乾田化されるため，圃場内には魚類がほとんど生息できないことが挙げられる．実際に，この調査において9月に魚類が確認された水田は12か所中1か所のみであった．水田地帯での魚類の減少が，サギなどの高次捕食者の生息に影響を与えている可能性が指摘されている（成末・内田 1993; Lanes and Fujioka 1998）．サギ類より

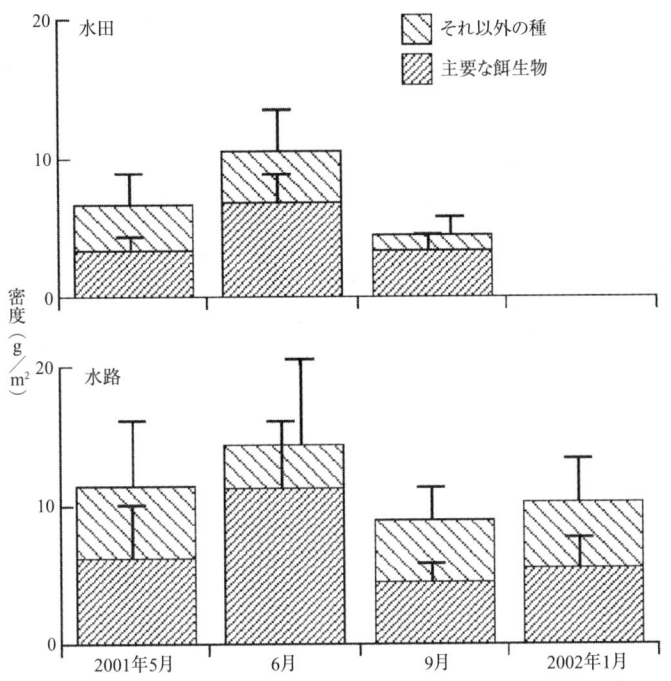

図4 水田と水路におけるコウノトリの餌生物の現存量.
主要な餌生物には，底生魚類，甲殻類，両生類，水生昆虫，バッタ科およびキリギリス科の昆虫等を含む．バーは主要な餌生物とそれ以外の種それぞれの標準誤差を示す．水田における1月の現存量は調査されていない．Naito and Ikeda (2008).

も大きく，多くの餌資源を必要とするコウノトリでは，それ以上に水田地帯の餌生物群集の動向に影響されると考えられる．さらに，コウノトリは視覚と触覚を使って歩きながら採餌を行うのが一般的である．この方法は，待ち伏せや脚ゆすりによるおびき寄せなど多様な採餌習性をもつサギ類と比べて非効率と考えられ（中島ら2006），餌生物の減少による影響をより大きく受ける可能性がある．

水田は水路や河川と比べて圧倒的に面積が広く，分布も豊岡盆地全域に広がっているため，餌生物の総量と分布の広がりも大きいはずである．環境修復を試みるには，水路よりも水田を対象にする方がその改善効果が大きいと見込まれる（図5；Naito et al. 2002）．水田をコウノトリの餌生物の生息場所と

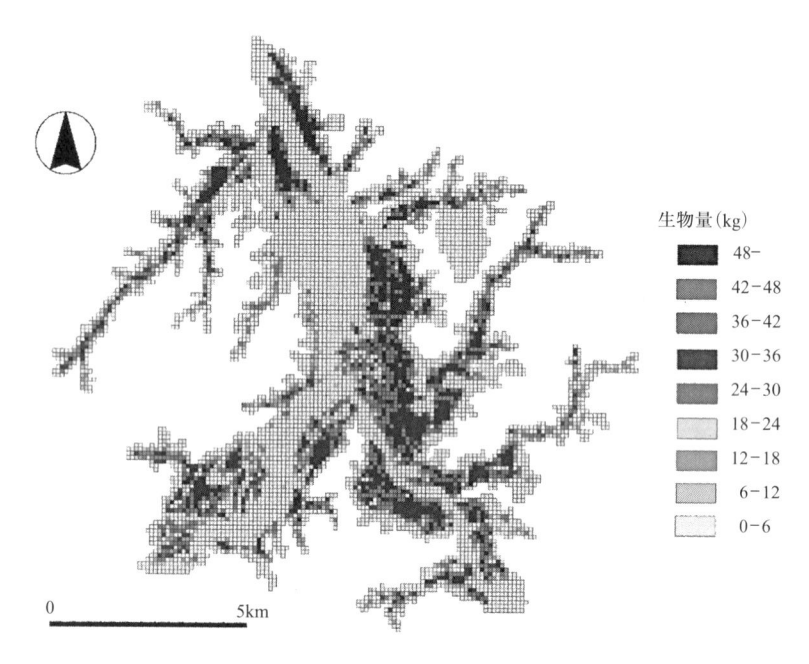

図5 豊岡盆地における水田の餌生物量を推定した例.
Naito et al. (2002).

して有効に機能させるためには，水田魚道を設置したり湛水期間を延長したりして水田全体の餌生物密度を底上げすることや，水田の端に深みを作るなどの方法で薄く広く分布している餌生物を特定場所に集中させるトラップのような機能をもたせることが考えられる．おもに前者の視点で取り組まれている農業分野の試みが，つぎに述べる「コウノトリ育む農法」である．

(4) 「コウノトリ育む農法」の広がり

　豊岡盆地では，コウノトリを野生に復帰させるという方針が決まった頃から，アイガモ農法や休耕田ビオトープなど水田における環境保全型の取り組みが少しずつ広がっていた．現在は，2002年に体系化の取り組みがはじまった「コウノトリ育む農法」を採用する水田が増加し，水田の環境修復の一手法として定着しつつある．この農法は，農薬の使用削減等の環境配慮，早期湛水と深水管理等の水管理，堆肥や有機資材の活用等の資源循環を要件とし，

安全な米と生き物を同時に育むものとして位置づけられている(西村 2006). 2008年の作付け面積は253ha(一部に豊岡盆地以外での作付けを含む)に広がり，この指針に沿って生産された米は，日本農林規格，兵庫県，豊岡市，農業協同組合などの基準を満たしたブランド米として販売されている．環境修復という観点でのこの農法の重要な点は，水田魚道の設置や，水管理に関係する常時湛水(冬期湛水)および中干し延期，無農薬栽培を含む農薬の使用量の削減などである．この中で，水田魚道の設置はコウノトリ育む農法の必須条件ではないが，両者を同時に行えば高い環境修復の効果が見込まれるため，あわせて行われている地区も多い．これらは，慣行の稲作技術を根本から見直し，新しい技術体系として確立したものであるが，その過程で小規模な実証試験が繰り返され，その効果が評価されてきた．

(5) 冬期湛水と水田の生物群集

　豊岡盆地の圃場整備率が高い背景には，氾濫原の低湿地帯に位置することに加え，気候的にも乾きにくいので水田を乾田化する必要があったことが挙げられる．したがって慣行農法では基本的に灌漑期以外は冬期を含め水田を落水状態にする．それに対して冬期湛水は，雑草の発生を抑制する，土壌を柔らかくして不耕起栽培を行いやすくする，あるいはガンやハクチョウのねぐらを提供するなどを目的に近年各地で行われている，圃場を乾田化して生産性を向上させる技術体系とは違った方向性をもつ農業技術である．コウノトリ育む農法では，雑草の抑制や水田ビオトープとしての機能を期待して稲刈り後に再び水田を湛水状態にし，翌年の田植え前まで維持することが推奨された．したがって，冬期湛水を取り入れた水田は1年のうちかなりの期間が湛水状態となるので，以前の湿田がもっていた環境条件を部分的には再現しているといえる．しかし，冬期湛水は圃場整備が完了した水田で実施されるので，湿田とは異なり農作業などで必要なときには水を抜いて乾かすことができる．その意味では，冬期湛水は現代的な農業の体系の中に生物への配慮を取り入れた新しい技術である．

　冬期湛水によって水田生物群集はどのように変化したのだろうか．豊岡市が行った調査では，慣行農法に比べて水田ビオトープや冬期湛水田において

底生動物であるユスリカ類やイトミミズ類の生息密度が高いことが明らかになっている（豊岡市 2006）．これは各地で見られる冬期湛水田の一般的な傾向のようである（岩渕 2006）．これら底生動物の増加は，それを餌とする水生昆虫や水田で成長する魚類の稚魚などの生存に貢献し，生物体の総量を底上げする効果があると期待される．しかし，食物網の観点から冬期湛水による群集構造の変化を定量的に明らかにした研究はまだない．

(6) 減農薬・無農薬と生物多様性

慣行農法水田と減農薬・無農薬水田を比較すると，豊岡農業改良普及センターが稲作農家とともに行った生物調査の結果では，無農薬水田において，カマキリやクモ類，トンボ類など害虫の天敵とされる分類群の割合が高い傾向が明らかになった（図6）．コウノトリ育む農法は，農薬の使用の有無や量だけでなく，水管理，肥料の種類・投入方法や量などのさまざまな要因を同時に変えた，新しい稲作体系であるため，減・無農薬の効果をそれぞれ独立に評価することはできない．しかし，既存の研究においても，減農薬や有機農法で生物多様性が増加するという結果が見出されている．たとえば，つくば市の水田畦畔においてカメムシ類の多様性を比較した研究では，畦畔を含むほぼ全域に除草剤や殺虫剤が散布された調査地よりも，水田内のみに低頻度で農薬が使用された調査地の方が，カメムシ類の個体数は少なかったものの，種数と種多様度はともに高かった（中谷・石井 2002）．また，畦畔に対して農薬が使用されなかった調査地の方が，調査期間中の個体数の変動が小さく，飛翔能力を持たない種の個体数が多かった（中谷・石井 2002）．同様に，豊岡においても農薬の不使用あるいは軽減は，水田の動物群集を豊かにしてきたに違いない．またそのことは同時に，群集の安定性を向上させるだけでなく，害虫の密度を抑制したり，コウノトリの餌生物を提供したりするなどの効果をもつと考えられる．

農薬の使用については過去の履歴による影響もあるので，実際に耕作が行われている圃場を調査フィールドとする場合には，実験計画法に基づく厳密な条件設定は困難なことが多い．しかし，調査フィールドの履歴や環境条件が均質でない場合でも調査対象の圃場の数を多くすることによって解析が可

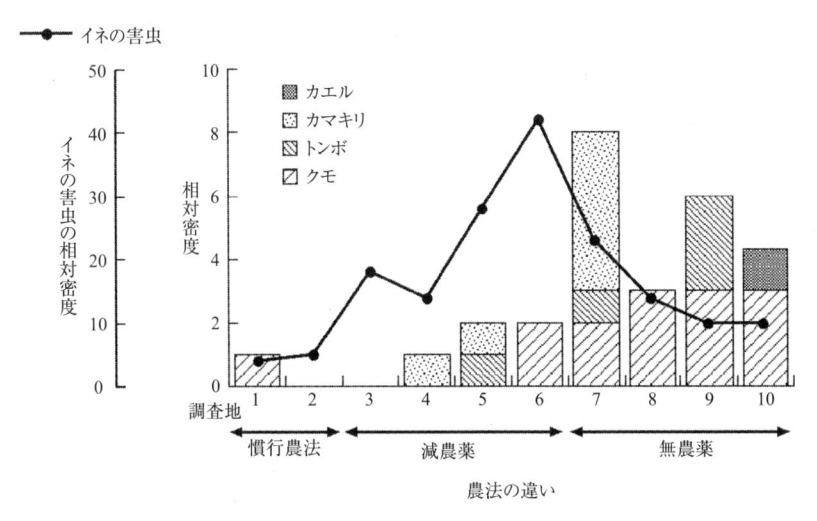

図6 慣行農法水田と減・無農薬水田における生物相.
豊岡農業改良普及センターによる.

能となる．農法の違いが生物多様性に与える影響を明らかにするには，そのような現場に立脚した研究が期待される．また，経験的な事実を丹念に積み重ねて，生物多様性を効果的に維持できる農法を開発していくアプローチも必要であろう．

(7) 中干し延期によるカエル類の増加

　宇都宮市近郊で行われた調査では，水域に生息し水田で産卵する両生類のうち，ニホンアカガエルとニホンアマガエルは中干しの時期までに変態を完了して，上陸を開始する．しかし，トノサマガエルなどの他の種は，中干し時に水田が乾燥すると生き残ることが難しい（林 2007）．コウノトリ育む農法で取り入れられている「中干し延期」は，10日から2週間ほど中干しを遅らせることによって，変態までの期間を確保し，上陸しやすいようにする方法である．コウノトリ育む農法をいち早く取り入れた豊岡市祥雲寺地区では，中干し延期の効果があったことを示唆する結果が得られている．この地区では2001年に休耕田ビオトープが設置され，2004年には冬期湛水および中干し延期の実施面積がさらに拡大した．同地区でカエル（成体）の密度を2003

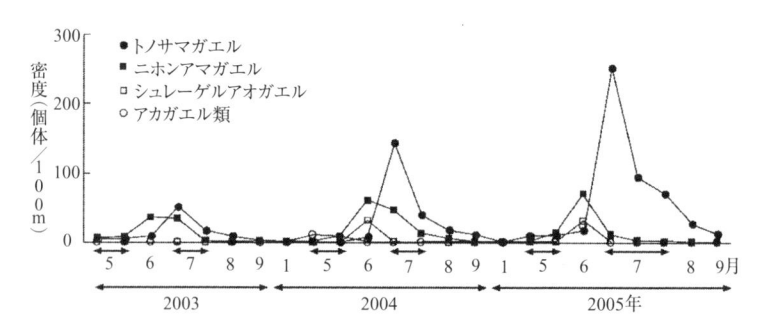

図7 豊岡市祥雲寺地区の水田地帯におけるカエル類の密度の年次変化.
豊岡市農林水産課 (2006).

年から2005年にかけて調べた結果（図7），湛水面積の増大と同時期にトノサマガエルの個体群密度が顕著に上昇していた（豊岡市農林水産課 2006）．これは同種の変態時期を考慮した農法の効果を表したものと推察される．

一方，同様に中干し延期を取り入れている豊岡盆地内の他の地区ではこのような顕著な傾向は見られず，冬期湛水や中干し延期だけではカエル類の生息密度が上昇しない場合もある．これは，山際の森林との距離，民家や畑などの分布，道路による分断のような，水田以外の要因も含めて，景観スケールで見たときのカエル類の生息地の質がそれぞれの地区で異なっており，カエルの移動分散，採餌，越冬といった行動に影響を与えているからだと考えられる．地域間の差異の原因を知るには，生息地の配置や景観構造など地域の環境情報を収集して地理情報システムで解析することも有効であろう（内藤・池田 2002）．近年は生物の分布情報と環境要因とを組み合わせて，景観スケールで対象種の潜在的な生息適地のポテンシャルマップを作成する手法（三橋・鎌田 2006）が進展しており，生息場所として地域の自然を総合的に評価することが可能になってきた．

(8) 一時的水域の役割-水田と河川

河川が常に湛水状態にあり魚類に代表される水生生物の生息場所として機能しているのに対して，氾濫原や水田とその周辺には季節的に浅く湛水状態になる一時的な水域が存在する．そのような浅い止水域には大型の肉食魚が

侵入しにくく，水温も比較的高くなるために，魚類の再生産場所として重要である（斉藤ら 1988; 端 1998）．水田生態系においても，乾田から常に湛水状態にあるところまで，さまざまな環境条件の水田が圃場整備の前には存在し，多様な生物が利用していた（日鷹 1998）．豊岡盆地の主要部は円山川の氾濫原の低湿地で，現在はそのほとんどが水田である．圃場整備の前には河川と水田は水路を介してつながった水域であったので，河川の増水で氾濫原に出現する一時的な水域の代替機能を水田地帯が果たしてきたと考えられる．

豊岡盆地に限らず，平場の水田は河川の氾濫原であった場所に作られたものが多く，さまざまな生物の生息・繁殖場所になってきた．たとえば，生息地が激減し日本に残存する天然個体群が3か所のみとされるアユモドキは，灌漑期の水位の急激な上昇の直後1日から2日間に集中的に産卵し，水田地帯に出現した一時的水域で仔魚が成長することが知られている（岩田 2006）．このような短期集中的な利用形態の外にも，ナマズやフナ類，ドジョウなど水田やその周辺の水路などを産卵・生活場所とする魚類は少なくない（端 1998）．

圃場整備による乾田化や用水路と排水路の分離などにより，水田地帯の生息地の構造が大きく改変され，水田への魚類の移動や侵入は困難な状況となってしまった．しかし，魚類の再生産場所としての潜在力は失われていないようである．たとえば，滋賀県で行われた実験では，0.16ha の水田に雌雄各6尾のニゴロブナを放流し産卵・ふ化させたところ，ふ化35日後の中干しまでに推定産卵数の57%にあたる8万3千尾の稚魚が捕獲された（田中 2006）．したがって，分断されてしまった河川−水路−水田をつなぐネットワークを再び構築すれば，魚類の再生産場所としての水田の機能をある程度回復できる．近年，全国各地では水田への魚類の侵入を可能にする小規模魚道が開発され，設置されはじめている．

(9) 小規模水田魚道の設置

ダムや堰などの横断工作物が河川に建設される場合，水産資源の確保という観点から魚道の整備が進んできたのに対し，水田地帯においては水産的に価値のある魚種が少ないことや作物生産の場であるということもあり（東

2001)．小規模魚道などの技術的な提案・実証が行われはじめたのは比較的最近のことである（端 1999; 鈴木ら 2001 など）．

豊岡盆地においては，コウノトリの再導入に先立つ 2003 年から小規模水田魚道の整備が複数の地域で進められてきた（内藤ら 2005）．これには二つの意義がある．一つは水田を産卵場所として一時的に利用する魚類の再生産が保障され，稚魚が成長後に水路や河川に降下することで魚類の種多様性が増加したり，流域全体としてコウノトリの餌生物の現存量が増大すると期待されることである．もう一つは，ドジョウのような継続的に水田に生息する魚類の密度が増加し，水田自体の採餌場所としての機能が高まると期待されることである．

環境修復の手段として水田魚道を設置したときには，魚が魚道を遡上や降下できたかどうか，また利用したかどうかだけを評価するのではなく，むしろ，それを設置したことで水田生態系における魚類の生産力や現存量が上昇したかどうかで評価すべきだろう．物理的には遡上可能な魚道であっても，それを利用する魚類がいなければ用をなさないので，魚道をどこにどのように設置するかを利用魚種に応じて検討することが重要である（森 2000）．そのためには，魚類群集が水田生態系をどのように利用しているかについて，移動経路などを含めて解明する必要がある．さらにいえば，魚道を利用して排水路と水田を行き来する種は，そこに生息する魚類群集のすべてではない．前述した水田内で産卵する種の多くは，一腹産卵数が多く，水田内で泥上にばらまき型の産卵をし，卵の保護をしない特徴があるとされる（斉藤ら 1988）．水路や河川で水草などを産卵床として利用したり，産卵数が少ない種を保全するためには水田魚道以外の手立てが必要である．

豊岡盆地の小規模水田魚道は，2008 年 10 月現在で 106 か所に設置されている．モニタリング調査では，ドジョウ・ナマズ・タモロコ・フナ類などが設置された魚道から水田に遡上し，中干しによる落水時に稚魚を含む個体が降下するのが確認されており，これらの種は魚道を利用して水田内で産卵していると思われる（内藤ら 2005，豊岡土地改良事務所の資料による）．水田魚道が多数整備された豊岡市赤石地区では，野生および放鳥されたコウノトリが頻繁に飛来して採餌するのが観察されている．

(10) 河川改修による浅場創出

　水田生態系での自然再生の試みが進行するのと同時期に，豊岡盆地の中心部を流れる円山川とその支流でも自然再生計画が議論されていた．円山川の下流部は河川勾配が 9000 分の 1 程度ときわめて緩いことに加え，支流からの水が集中する地形のため，流域では過去にたびたび水害を被ってきた．最近では 2004 年 9 月の台風で豊岡盆地の円山川とその支流の出石川の堤防が決壊し，流域の家屋や耕作地に多大な被害をもたらした（菊地・池田 2005）．自然再生計画では河川沿いに湿地を造成することなどが検討されていたが，水害後の災害復旧工事では河川流量を確保するために河道の掘削などの大規模な河川改修が緊急に必要とされたため，自然再生計画との整合性が問題となった．その後の検討により，災害復旧工事において流量を確保するために河道を掘削する際にも，高水敷を適切な深さに掘削することで必要な河川断面の形状を保ちつつ浅場を創出することとなり，自然再生計画による創出分と合わせて，2014 年までの 10 年間で河川沿いの湿地面積をおよそ 3 倍にする計画がまとめられた（国土交通省近畿地方整備局・兵庫県 2005）．

　豊岡盆地内での調査結果では，河川での餌生物の密度は水路よりは低かったが，前述したように，豊岡盆地に飛来した野生のコウノトリは冬場を中心に河川を採餌場所として利用していた（図 1）．コウノトリは浅場を採餌場所として利用することが多い．宮崎県の一ツ瀬川に飛来した野生個体の採餌行動を終日調査した結果では，水際から徐々に深くなる水面において，水深 20cm での採餌時間がもっとも長く，総採餌時間である 4 時間 24 分のうちの 41.3％を占めた（大迫ら 未発表）．また，利用する最大の水深は 50cm 程度であった．現在の円山川沿いにもわんど状の止水域が点在している．しかし，すべての止水域を合計してもその面積は限られていることに加えて，コウノトリの採餌場所としては水深が深すぎる止水域が多くを占める（図 8）．円山川では，コウノトリが採餌できる水深と土砂が堆積する可能性を考慮して，平常時の水深がおおむね 50cm となるように高水敷（堤防と常に水が流れる低水路に挟まれた低水路よりも一段高い部分）の一部を掘削する工事が計画された．流量や潮位の変動により水深は変化するので，平常時の水位の上下

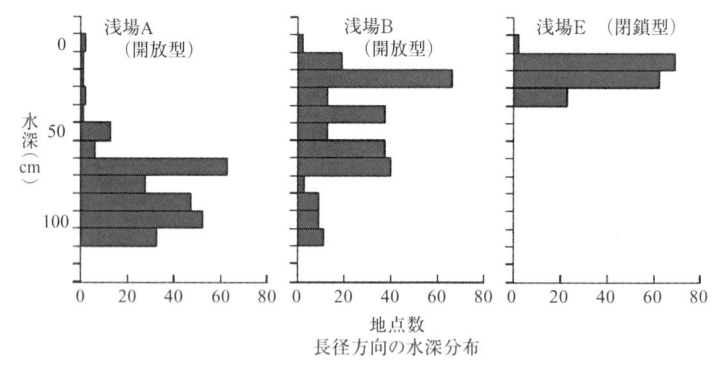

図8 円山川の河川浅場における水深分布の例.
大迫ら（未発表）.

50cmの高さとなる場所を浅場とみなして面積を算出した場合，本流である円山川と支流の出石川を含めた浅場の面積は，平常時の水位で水域となる部分の面積が2004年時点の36haから工事後の2010年には86haに拡大し，陸域となる部分の面積は43haから41haに縮小する（国土交通省豊岡河川国道事務所の資料による）．さらに，その後に行われる自然再生事業などによるものを合わせて，浅場の総面積は2014年までに224haに拡大する計画となっている．

　河岸に造成された浅場の面積は時空間的な変動が大きく，湿地の形状や存続時間がそこに生息する生物群集に影響を与える．また，湿地が本流とつながった開放型の湿地であるか，平時は本流から独立した閉鎖型の湿地であるかといった造成する湿地の形状によっても，水の滞留時間や生息する生物の移動のしやすさが異なると推測される．さらに，造成初期の微妙な高さの違いによりその後の堆積あるいは侵食の速度が異なり，それによって湿地自体の存続時間が変わってくるだろう．これらの要因によって，造成後の湿地がどのような形状で存続するか，生物群集がどうなるか，コウノトリが採餌場所として利用するかなどについては今後のモニタリングが必要である．

4 生物群集の視点に立った環境修復

(1) 法律の改正や組織の再編が後押しした自然再生

　豊岡盆地でこのような大規模な事業が可能になったのは，土地利用に関連して環境への配慮を求めた一連の法改正と，地域を単位として事業を横断的に行えるようになった県および市の行政組織の改変が，コウノトリの再導入計画に先立つ形でほぼ一致して起きたことと無関係ではない．一連の法改正とは，河川法の改正 (1997 年) で河川環境の整備と保全を河川管理の目的に位置づけたこと，農業基本法を廃止して食料・農業・農村基本法 (1999 年) を制定し，農業・農村に期待される役割として「食料の安定供給の確保」と「多面的機能の発揮」を位置づけるとともに，土地改良法を改正 (2001 年) し，事業の実施に際して環境への配慮を盛り込んだこと，自然再生推進法 (2003 年) が制定され自然再生を目的にした事業が出現したことなどを指す．ただし，豊岡盆地で進められている事業は自然再生推進法の制定前に検討がはじまっており，同法に直接基づくものではない．

　法律の整備に加えて重要なことは，これらの事業を現場において実施する体制が整ったことである．2002 年には，コウノトリの保護と増殖を担う施設である「兵庫県立コウノトリの郷公園」において飼育個体数が 100 を超え，翌 2003 年にはコウノトリの野生復帰への基本的な考え方と推進の方向を示す「コウノトリ野生復帰推進計画」(コウノトリ野生復帰推進協議会 2003) が策定された．一方，兵庫県では行政を地域単位で横断的に行う県民局を核とした組織再編が 2002 年に行われ，豊岡盆地を管内に含む但馬県民局にコウノトリ翔る地域づくり担当参事が置かれ，関連事業を統括できるようになった．豊岡市においても同年にコウノトリ共生推進課が設置され，野生復帰に関連する事業を扱う体制が整った．このように事業の根拠となる法制度と事業を推進する組織が整い，コウノトリの野生復帰という象徴的な目標が存在したことが，大規模な事業を可能にした背景である (池田 2005)．

(2) 社会的合意の重要性

　アンブレラ種であるコウノトリの野生復帰を人間の居住地域で進めるためには，コウノトリの生活要求に沿った特定の限られた場所だけでなく人間の生活域全体を環境修復の対象に含めなければならない．それを支える社会環境の構築はとても重要である．

　コウノトリの野生復帰事業を推進する際に大きな役割を果たしているのが「コウノトリ野生復帰推進連絡協議会」という組織である．同協議会は兵庫県や豊岡市など行政，JAや漁協などの生産者組織，区長会や農会，学校関係者などの住民組織，環境保全などに関わるNPO，研究者など地域の関係者（ステークホルダー）を網羅する構成員からなり，コウノトリの野生復帰に関するさまざまな案件や事業を方向付ける合意形成の場となっている．

　絶滅危惧種や生物多様性の保全のために何かを行うという論理立ては，持続可能性を目指すという価値観を前提に導かれる論理であるが，事業を実施しようとするときにそれに関わる地域住民が必ずしも同意できるとは限らない．それぞれの価値基準や経済的合理性に沿った判断をしたときには，絶滅危惧種や生物多様性の保全とは相容れない意思決定となることが少なからず生じる．そのため，コウノトリの野生復帰では絶滅危惧種や生物多様性の保全と地域住民が指向する価値観が整合するような総合的な施策（佐藤 2003）が用意され，両者の矛盾を回避するよう試みられてきた．具体的に見ていくと，まずコウノトリ育む農法は安心安全な米と生き物を「同時に」育む農法と定義され，営農する側から見れば慣行農法に代わる省力的で付加価値のある新しい農業と理解される．この農法の具体的な利点は，農薬や化学肥料を削減するという低投入型農業と，水管理の工夫による雑草の抑制，安心安全という付加価値の高い生産物の安定的な販売などにある．その延長として豊岡市は「環境経済戦略」を策定し，地域の産業を低負荷・循環型に誘導することで，野生復帰推進計画で掲げられている「コウノトリも住める街」という理念を実現しようとしている．こうした取り組みは生物多様性の意義を社会的に認め支える基盤となっており，地域において広域的で大規模な環境修復を可能にする社会環境づくりに大いに役立っている．

河川においても治水対策と環境修復を両立させる取り組みが進められてきた．現在行われている河川沿いの湿地造成は，自然再生そのものを目的に実施されているだけでなく，増水時の河川流量を確保する治水対策を主目的にしながら，河川断面の形状を工夫して浅場を創出する工事によっても行われている．この手法も自然再生だけを前面に出すのではなく，水害から人命や地域を守ることとの一石二鳥を図ることで，ともすれば陥りがちな環境か治水かという対立を解消していると見ることができる．このような議論は，著者らコウノトリの郷公園の研究者による成果を踏まえながら「円山川流域委員会」や「円山川自然再生推進委員会」などで常に行われ合意形成に役立ってきた．

(3) 実践的な研究の蓄積と順応的管理

野外の生態系に手を加えて環境修復を試みるときに注意すべき点は何だろうか．以下に述べるようにいくつかの論点があるが，すべてに共通するのは不確実性を念頭に置いた計画であろう．生物群集の破壊に対処する場合，事前の調査がつくされる前に予防原則に照らして何らかの対処を迫られる場面や，一定の調査を行っても確実な方針を立てられない場合が少なくない．全てを厳密に決定してから対策を講じることができないので，実行しながらモニタリングと評価を行い，フィードバックするという順応的管理の枠組みが基本となる．

加えて，研究の手法についても検討されなければならない．生物多様性と群集構造の安定性の関係などの中心的な課題に関して，理論的アプローチと実験的アプローチからの研究が行われてきた．しかしそれらの理論を，生物群集を念頭に置いた自然再生にそのままあてはめるには，まだ野外での実証的な研究が不足しているように思われる．環境修復や自然再生で群集生態学が果たす役割は大きいが，理論的な課題がある程度解決している場合でも，保全を行う際の個別の問題への対処方法は明らかでない場合が多い．保全対象となりうる生物群は実に多岐にわたり，それぞれに固有の問題を抱えているので，群集の視点に立脚した実践的な研究の蓄積が必要となる．

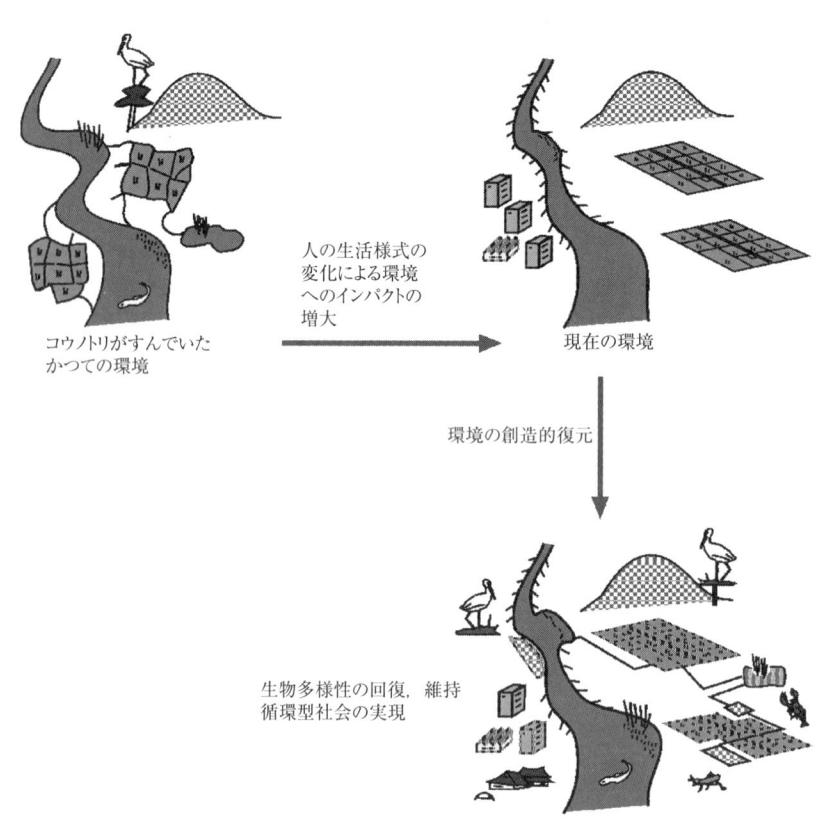

図9 過去と現在の比較により修復目標を決定する流れ図.
内藤・池田 (2001).

(4) 修復目標を明らかにする

かつてその場所に成立していた多様な生物群集を取り戻そうとする試みでは，それを支えてきた環境条件を再現するというアプローチが取られることが多い．それには，ベースラインとなるべき元の生物群集の実態をまず明らかにし，現在の状態と比較することでどのような変化が生じたかを解明し，修復すべき場所がどこであるか，またどのような方法で修復すべきかを決定することが望まれる（図9; 内藤・池田 2001）．もちろん失われた生物群集を過去に遡って調査することはできないので，文献調査や聞き取り調査，過去に取られた標本の探索などが現実的な手段であろう．過去に作成された地図

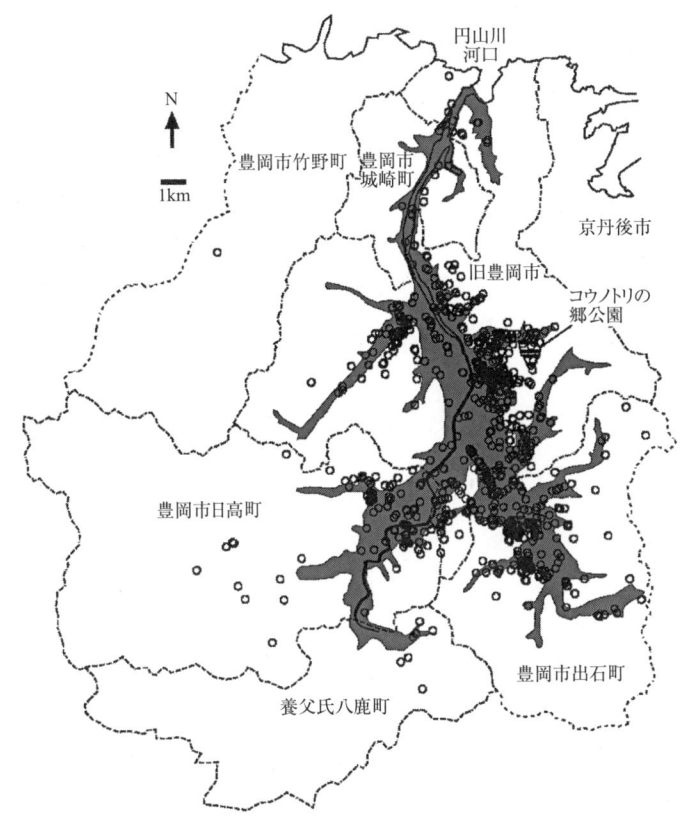

図10 アンケート調査から復元した過去のコウノトリの目撃地図.
Naito et al.（2002）.

や空中写真などが重要な情報を与えてくれることもあり，地理情報システムを用いて景観の変化とその要因を明らかにしたり，過去のデータを基にポテンシャルマップを作成する方法などが有効であろう．また，現在は大きな問題が生じていない場所でも，予防的措置として生物群集の現状を調査し現状把握に努めておくことが，将来起こりうる生物群集の変化と環境修復の必要性に備えるうえで重要である．

　豊岡盆地のコウノトリについては，空白期間はあるものの，1904年以降，絶滅するまでの個体数の推移が明らかになっており（池田2000），地域住民を対象にしたアンケート調査ではその目撃場所は豊岡盆地の低地帯のほぼ全

域に広がっていた（図10，Naito et al. 2002）．過去の状態を知っている地域住民にとって，かつての生物群集の実態は改めて示されるまでもないが，それを明示的にしておくことは，環境復元の目標を具体的に定め合意を形成するうえで重要である．

　また上述したベースラインをどの年代に置くか，言い換えれば修復目標をどの年代に成立していた生態系に置くかが問題となる．とくに日本においては，二次林や農耕地などの二次的な植生が国土の大部分を占めているので，土地利用の歴史との関係の中でベースラインとなる年代を決定する場合が多いと想定される．一方で，里山の二次林の荒廃や耕作放棄地の増加など伝統的な土地利用の放棄が近年進んでいるので，ベースラインをめぐる議論は今後重要になってくる．人間による影響のない時代の状況を明らかにすることも基礎的な情報として有効である（たとえば，Swetnam et al. 1999）．モニタリングの過程では，復元された生物群集が量と質ともにベースラインとした年代のそれと同等であるかどうかが慎重に検討されなくてはならない．

(5) 食物網の全体像は複雑

　環境修復の効果は食物網の下位の生物群に先に現れ，効果が上位の生物群に波及するには移動能力が低い生物ではとくに時間がかかると予想される．水田の害虫であるウンカ類に寄生する昆虫寄生性の線虫であるウンカシヘンチュウは，農業の近代化による影響で激減したとされる（日鷹 1998）．本種が減少したのは，農薬の散布で宿主であるウンカ類が減少したことに加え，移動能力が低いため局所的に絶滅した際に周囲からの移入が難しいことによると考えられており，慣行農法を行っていた水田を無農薬に戻しても10年くらいは個体群密度が元の水準に戻らない（Hidaka 1997）．

　時間をかければ回復する種もある一方で，群集構造の破壊の過程で，気づかないうちに構成種が絶滅している可能性がある．典型的な例として，トキに特異的に寄生する *Patagiger toki* という吸虫がいる．この吸虫は日本のトキを全数捕獲した直後の死亡した個体から検出され新種として記載されたものである（Onda et al. 1983）．トキの個体群の衰退の背後ではそれに合わせて *P. toki* も確実に絶滅に向かい，本種はトキの全数捕獲によって生活環を完結す

る宿主が不在となることで,絶滅した可能性が高い(横畑 2005).トキを再導入して野生個体群を復元しても P. toki をとりまく種間関係はおそらく復元できず,かつての生物群集をそのまま再現することは不可能である.このように絶滅が目に見える形で進行する生物の裏には,気づかないところでそれに不可避的に影響を受ける他の生物が少なからずいるものと思われる.

生物群集は単純な食物連鎖で描けるような構造ではなく,むしろ食う食われるの関係や競争などからなる複雑な相互関係のネットワークで成り立っている(McCann 2000).たとえばニホンアマガエルは,胃内容物を調べただけでも,「害虫,ただの虫,益虫」を含む多様な機能群の生物を餌として利用していることがわかる(桐谷 2004).

季節によって餌生物が変化することもある.水田に生息する絶滅危惧種のタガメは,5月から6月にかけてニホンアマガエルの成体を餌としているが,7月以降はトノサマガエルに依存している(Hirai and Hidaka 2002).しかも2年生以上のトノサマガエルではなく,変態したばかりの小さなトノサマガエルを餌にするという.このことはタガメの個体群を保全する際にも,単一の餌生物ではなく季節を変えて利用されるニホンアマガエルとトノサマガエルを含む水田生物群集の保全が必要であることを示している.さらにタガメは水辺ではなく里山などで越冬するのではないかと考えられている(日鷹 2003).このため,水域だけでなくその周辺の森林等を含めた地域の自然全体を保全しなければ同種を維持することは困難である.

(6) 生息地の構造変化が群集の変化をうながす

環境修復によって生物群集の復元を図ろうとするとき,さまざまな構成種を直接導入したり排除したりするのは,労力がかかるうえに定着の成否や個体数の変動について不確実性が高い.もとより生物の個体数を直接操作することだけでは生物群集の復元は望めない.生物群集の変化は生息地の構造の変化によることが多いからである.たとえば,水田で繁殖するアカガエル類やヒキガエル,ダルマガエルなどは圃場整備によって減少し,吸盤を持ち排水路と水田とを行き来できるニホンアマガエルはあまり減少しない.このことがカエル類を餌とするシマヘビやヤマカガシの生息に影響を与えている可

能性がある（守山 2000）．千葉県での調査では，放棄されたり，圃場整備で乾田化した谷津田ではニホンアカガエルの卵塊がほとんど見られず，そのような場所ではヤマカガシの目撃頻度も低い（長谷川 1997）．ヘビやカエルの密度が低いことは，それらを餌生物とするサシバの生存にも影響を与えると考えられている（守山 2000）．すなわち構造変化の影響は，それを直接受ける生物だけでなく，栄養段階を通して生物群集全体に及ぶ可能性が高い．

　環境修復を行うとは，一般的には土木工事によって，生息地の構造を変えることで生物群集に変化をうながすことである．とはいえ場あたり的に生息地の構造を変える工事を行うのではなく，前に述べたように，一定の修復目標を設定し，生態学的な予測に基づいた修復計画を立てる必要がある．そして，変化の様子をモニタリングしながら，より良い方法を探っていくべきであろう．

(7) 昔の生物群集に戻せばよいとは限らない

　過去の生物群集の状態は復元にあたって参照すべきモデルである．しかし，それがどのようなものであったかが仮に明らかになっても，そのまま復元目標とするかどうかは，現在成立している生物群集をよく検討したうえで判断すべきである．自然の回復力を超えて変化してしまった現在の生物群集は，過去のそれとは別の安定状態に達しているのかもしれない（日本生態学会生態系管理専門委員会 2005）．そうであれば無理やり元の状態に戻すよりも，現在の状態を考慮に入れた生物群集の復元目標を定める方が合理的な場合もある．

　たとえば，生物多様性への影響が各地で問題になっている外来生物が，すでに生物群集の中で一定の役割を果たしている場合がある．ホンドイタチの糞を千葉市の谷津田で調べたところ，春から夏にかけてアメリカザリガニをよく採餌していることが判明した（長谷川 2000）．この場合，アメリカザリガニを駆除することはホンドイタチの生息にさらに悪影響を及ぼす可能性がある．ホンドイタチはチョウセンイタチの侵入によって分布域が縮小しているとされるが，餌生物を少なからず外来種に依存している可能性があるのである．コウノトリの採餌メニューにも外来生物であるアメリカザリガニとウシ

ガエルが含まれている．アメリカザリガニは雑食性でコンクリート張りに改修された水路にも生息すること，ウシガエルは幼生のまま越冬することから，いずれもコウノトリにとっては現在の環境下で比較的利用しやすい餌である．在来種からなる生物群集を保全する観点からは，これらの外来生物の増加や分布拡大は望ましいことではない．これらを駆除あるいは分布を抑制するならば，全体としての餌資源量が減少しないように，在来種の生物量を回復させるような手だてを同時に講じる必要があろう．

　また，生息地の構造をすべて過去の状態に戻すことは現実的でないことが多い．たとえば，圃場整備が行われた水田を湿田に戻すようなことは，とくに居住地域では困難であろう．そのため，自然再生を面的に進めるのであれば，一部の地域に環境修復のモデルケースを新たに構築するよりも，現在の生息地の構造の中に新たな技術を導入して環境修復を図ることになる．小規模水田魚道や冬期湛水はこうした技術的な解決策の一例である．このような技術的な解決を成功させるには，生物群集や対象種の個体群に対して，どのような環境要因が決定的な影響を与えるのかを知っておく必要があるが，現在はそうした基本的な情報が不足している状況である．

(8) 環境修復における群集生態学の重要性

　ここまで，コウノトリの野生復帰事業を中心に，生物群集の視点にたった環境修復について述べてきた．コウノトリのようなアンブレラ種が生息するためには，水田・水路・河川・草地など，生息域内のさまざまなハビタットをセットとして復元し，それぞれのハビタットにおいてコウノトリを支える食物網を構築しなくてはならない．各々のハビタットにおける環境修復の試みの中で，また全体を束ねた場合にも群集生態学の視点が必要となる．

　しかしながら，上述した視点は論理的には可能であるが，地域の生物相とその群集構造の全てを網羅的に知ることは困難である．そこで著者らは，コウノトリのような地域の生態系の頂点にたつ鳥の個体群が安定的に維持されていれば，その場所の群集構造はある程度豊かで安定していると考えた．したがって，この環境修復モデルの成否は放鳥された個体が野外で生存できるか，またどのような生息地の利用パターンを示すかで検証される．コウノト

リが生息するというだけで過去に失われた群集構造がそのまま再生できるというわけではないが，群集構造の健全性をチェックして環境修復を総合的に判断してくれる，いわばリトマス試験紙のような役割をコウノトリに期待しているのである（内藤・池田 2001）．

(9) 地域の環境保全学としての自然再生

コウノトリを指標にして環境修復の効果を検証する場合，群集構造の具体的な内容にはブラックボックスの部分が残るため，環境修復に不確実性が生まれる．不確実性に対していかに順応的に対処するかは，植物群落などを指標として生物多様性を回復させる，絶滅が危惧される種を保全する，水質浄化等の生態系の機能を回復させるといったさまざまな目標の下に進められる試みにも共通する課題であろう．また，自然再生の現場が居住地域やその周辺であるため利害関係者（ステークホルダー）が多く，その合意と協力が必要である．このため，生態学的な原理に基づきながらも地域社会との折り合い方が重要となるが，合意形成のしくみを確立することも今後の課題として残されている．

重要な視点は，地域の環境を保全するという実践を経て問題を解決することである．その過程では既存の学問の枠組みにとらわれず，多くの事柄を横断する総合的な視点が必要となる．多様性や生物群集の保全は一定の地域を対象として行われるので，その地域の住民と関わりながら進められなくてはならないこと，その保全が生態系サービスの提供という形で地域住民にも恩恵をもたらすことを考慮すれば，環境修復は社会的合意の中で行われるべきである（菊地・池田 2002）．この意味で，環境修復は科学的な側面と同時に社会的な側面も併せもっている（鬼頭 2005）．コウノトリの野生復帰においては，地域社会との関わりはとくに重視されており，同種が生息できるような地域の自然環境の再生は，持続的な生活を可能にする社会環境の再生と表裏一体であるとの認識の下で，環境修復の取り組みが進められている．

コラム

絶滅の連鎖が起こるとき
群集ネットワークを保全する

近藤 倫生

Key Word

食物網　連鎖絶滅　数理モデル　複雑ネットワーク　安定性

　自然界ではいかなる生物種も互いに関わりあい，その関わりあいの中で存続している．したがって，ある生物種が失われるとき，その影響は種間相互作用のネットワークを通じて，生物群集の中に広がっていく．ちょうどドミノ倒しのように，ある生物種の絶滅が直接あるいは間接に関わる他の生物種の絶滅を引き起こすのである．では，どのような条件のもとで，この連鎖的な絶滅が生じやすくなるのだろうか？本コラムでは，保全生態学的な立場から，食物網における絶滅の連鎖に着目したこれまでの研究を振り返り，連鎖絶滅に見られるパターンやそれが生じるメカニズムを紹介する．

1 連鎖絶滅と生物群集の保全

　生息地破壊，乱獲，外来生物の持ち込みなど，さまざまな人為的攪乱の影響を受けて，地球上の生物種は急激に失われている．また，種が絶滅しない場合でも，地域個体群の絶滅は地域における生物多様性を低下させる．生態系サービスを支えている生物多様性を保全するためには，生物多様性が喪失するプロセスを解明し，その原因を解消するための方法を探る必要がある．また，生物多様性の喪失を予防するためには，人為的な環境改変によってどのような生物種が，あるいはどのような生物群集が影響を受けやすいのかをあらかじめ予測することも重要である．

　一般に，環境の変化が生じると，その環境要因と直接に関わっている生物種が影響を受ける可能性が高い．環境改変によって増加率が低下したり，死亡率が増加したりする場合などには，その生物種は絶滅してしまうこともあるだろう．保全生態学の中心的な課題の一つは，生息地を破壊された生物種，あるいは乱獲を受けた生物種がどれほど絶滅の危険性が高まるかを予測し，いかにして減少や絶滅から救うかを提案することである．環境改変の影響を受けた生物種が絶滅する可能性がどの程度であるかを見積もるために，これまでに個体群存続可能性解析（population viability analysis［PVA］）をはじめとした解析手法や，それに関連するさまざまな理論が開発されてきた（Beissinger and McCullough 2002）．しかし，単一の個体群の動態に注目する旧来の手法では，種間相互作用が生物種の維持や絶滅に果たす役割は見逃されることが多かった．

　群集生態学の理論によると，環境改変はそれと直接には関わらない多くの他の生物種にも間接的に影響を与えることが予測される．なぜなら，生物群集は，無数の生物種が種間相互作用によってつながったネットワークだからである（本シリーズ第3巻参照）．このような生物群集ネットワークにおいては，ある生物種の絶滅は種間相互作用を通じて，つぎつぎと他の種へと伝播する可能性がある．生物種はしばしば互いに依存関係にある．捕食者が生きるためには被食者が必要であるし，植物はその送粉や種子散布に動物を利用

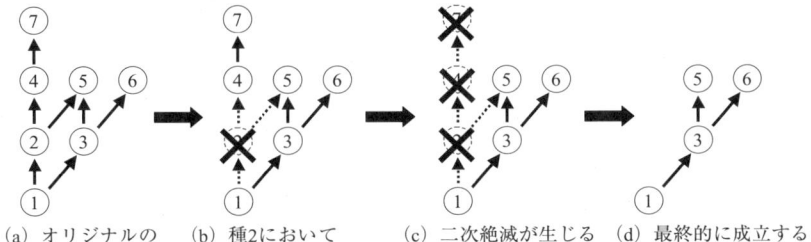

●コラム　絶滅の連鎖が起こるとき●

図1　食物網における一次絶滅と二次絶滅.
7種からなる食物網 (a) において，1次消費者である種2が絶滅によって失われたときに生じる二次絶滅 (b, c) と，それによって成立する生物群集 (d). bおよびcに点線で表されている種と相互作用は，この連鎖絶滅の過程で失われる．ただし，この二次絶滅は静的アプローチに従って予測されている．動的アプローチのもとでは，さらに多くの種が二次絶滅によって失われるかもしれない．

することで世代を重ねる．このような依存関係の連鎖があるとき，種の絶滅の影響は相互作用のネットワークを通じて生物群集内に広く伝わっていく（たとえば，Koh et al. 2004; 図1参照）．最も単純な例として，一本の鎖のように繋がった食物網（食物連鎖）においては，基底種の絶滅はそれを利用する種の絶滅を引き起こし，それはさらに高次の捕食者を絶滅に導くだろう．環境変化の直接の影響を受けて生じる絶滅を一次絶滅，その絶滅が引き金となって引き起こされる絶滅を二次絶滅とよぶことにしよう．なお，食物網における「種の消失」は，着目する食物網の空間的広がりに応じて，個体群の消失にあたる場合も，地球上からの種の消失にあたる場合もあるだろう．食物網の中での種（あるいは個体群）の消失を，ここでは種の絶滅として扱うことをことわっておく．

　群集生態学の理論から導かれるこのような連鎖絶滅の可能性から，生物保全に関して二つの単純な，しかしきわめて重要な予測が得られる．①ある生物種を保全することは，その生物種自身の絶滅を防ぐのみならず，その生物群集における他の生物種の保全に直接つながる．②ある生物種を保全するためには，その生物と直接あるいは間接につながった他の生物を保全する必要がある．これらのことは，特定の生物種の保全が群集全体の保全と密接に関わっていることを意味しており，生物群集全体を一つのユニットとしてとらえた生態学的な保全の視点，すなわち「生物群集に基づく保全」の必要性を

示唆している．その一方で，これら二つの理論予測にそれぞれ対応して，二つの問いが浮かび上がる．すなわち，「注目する生物種が一次絶滅で失われたとき，それは群集全体にどのように伝播するか」という問いと，「注目する生物種が二次絶滅で失われる可能性は，一次絶滅の規模や生じ方とどう関連するか」という問いである．本コラムでは，これら二つの問いに着目して，これまでの研究を概観し，その重要な論点と問題点を論じたうえで，今後の研究の発展の可能性について考えたい．

なお，本コラムでは，生物群集を表す種間相互作用ネットワークとして，種間の捕食–被食関係を表す食物網に注目することをことわっておく．もちろん，種の存続可能性に影響を与える種間相互作用には，捕食–被食関係の他にもさまざまなものがあるだろう．最近になって，非栄養的関係の重要性が大きくクローズアップされている．それにもかかわらず，捕食–被食関係を取り上げるのは，その相対的な重要性のためではなく，これまでの研究の蓄積が豊富であるからである．また，生物群集の構造が生態系サービスとどのように関連するのかという重要な問いもここでは扱わない．これらのトピックは本シリーズの他の巻や章において詳しく論じられている（非栄養関係については第2巻2章，群集構造と生態系サービスについては第4巻を参照）ので適宜参照されたい．

2 生物群集の脆弱性を評価する

食物網の構造と連鎖絶滅の関係についての古典的研究に，MacArthur（1955）による理論研究がある．食物網は，生産者が生産した物質やエネルギーが，捕食–被食関係を通じてより上位の捕食者に伝わっていく，方向性のあるエネルギー流の系として捉えることができる．その最も単純な系は，生産者をその捕食者（一次消費者）が捕食し，それをさらに上位の捕食者（二次消費者）が捕食するという単純な食物連鎖である．捕食者が1種類の被食者しか利用できないとき，捕食者と被食者の間の依存関係は明瞭であり，被食者の絶滅は必然的に捕食者の絶滅につながる．しかし，現実の食物網はこれ

ほど単純な構造をしていない．多くの食物網は，捕食者が複数の異なる栄養段階に属する被食者を利用する複雑な構造をしている（たとえば，Martinez 1991）．したがって，生産者からある特定の生物種にエネルギーが伝わるための食物網での経路は複数ある．たとえば，図1の食物網を例にとって説明すると，生産者である種1から二次消費者である種5へのエネルギーの経路は，①種1から種2を経るものと，②種1から種3を経るものの二つがある．MacArthur（1955）は，食物網がより複雑で，この経路の数が多いほど，連鎖絶滅が起きにくいと論じた．それは，どれかの経路が失われても，生産者と着目する消費者のあいだを結ぶ経路が他に確保される（冗長性; redundancy）ためである．

MacArthur（1955）の理論は，仮想的で単純な構造をもつ食物網に基づいていたが，現実の食物網の構造を解析した理論研究によってもこれは支持されている．Dunne et al.（2002）は現実の16の食物網を用いて，生物種の絶滅のしかたが連鎖絶滅にどのような影響を及ぼすかを調べている．種を1種ずつ順番に取り除いていくことで一次絶滅を模し，利用できる餌資源がすべて失われるとその生物種は連鎖的に絶滅すると仮定して，一次絶滅の進行とともに二次絶滅がどのように進むかを調べた（図1を参照；ここでの二次絶滅種の予測はこのルールに基づいている）．この取り除き実験の結果，種数は二次絶滅の生じかたに影響しないが，結合度（connectance）が高い ── 食物網における種間相互作用の数が多い ── 食物網ほど，二次絶滅が起こりにくいことが確認された．

MacArthur（1955）やDunne et al.（2002）による取り除き実験は，食物網のトポロジー（どの生物種がどの生物種とつながっているか）のみを問題にしており，個体群動態を直接的には扱っていない．その意味で，これらは静的なアプローチである．このアプローチには，ダイナミクスに関する多くの情報を必要としないし，解析も簡単であるという利点がある．その一方で，種間相互作用の強さを扱うことができず，また，これ以外のさまざまな絶滅のメカニズムを見過ごしてしまうため，二次絶滅の大きさを過小評価してしまう恐れがある．たとえば，単純な2捕食者-1被食者からなる3種系について考えよう．古典的な群集生態学の理論によると，2種の捕食者の間には競

争排除が働き，より高い R^*（個体群を維持するのに必要な最低レベルの資源量 [Tilman 1982]）をもつ捕食者は絶滅することになる．この理論予測に従うならば，たとえば図 1 の食物網において，種 3 をめぐって争う競争者である種 5 と種 6 は共存できず，いずれかの種が二次絶滅によって失われることになる．しかし，取り除き実験における解析では，餌生物がいる限りこれら二種の捕食者はどちらも絶滅しないと仮定している．また，捕食者が被食者の共存を促進することが知られているが（Caswell 1978），「餌生物がすべて失われてはじめて絶滅をする」という仮定に基づく解析では，この効果は見過ごされてしまう．

　個体群動態を考慮した動的アプローチ（Pimm 1980; Borrvall et al. 2000; Christianou and Ebenman 2005; Eklöf and Ebenman 2006; Borrvall and Ebenman 2006）では，複雑で安定な動的システムを構築すること自体が難しいため，取り除き実験とは異なる解析方法がとられることが多い．具体的には，より単純な構造をした食物網の数理モデルを作り，その変数に生物学的に確からしい値を用いることで仮想的な食物網とするのである．そのような研究が本格的にはじまったのは，Pimm（1980）の研究からである．Pimm は，「ある生物種を取り除いたとしても残りの種すべてが共存する局所安定な平衡点がある」ことを種の取り除きに対する安定性（species-deletion stability）と定義し，これが食物網の複雑性とどのような関係にあるかを調べた．生産者，一次消費者，二次消費者（雑食者を含む）からなる 3 栄養段階の食物網を解析した結果，複雑性—安定性の関係はどの栄養段階から生物種を取り除くかによって大きく異なっていた．すなわち，複雑な食物網ほど生産者や一次消費者の取り除きに対しては高い抵抗性を示すが，二次消費者の取り除きにはより脆弱であった．一次絶滅後の群集の安定性の基準としてパーマネンス（permanence: どの生物種も個体数の時間変動があったとしても絶滅はしない）を用いた Eklöf and Ebenman (2006) も同様の結果を報告している．つまり，複雑な食物網ほど概して二次絶滅はおこりにくいが，最上位の捕食者の除去による二次絶滅はおこりやすくなったのである．これらの研究はいずれも，静的アプローチで見過ごされていた，捕食者によるトップダウン的な群集の安定化効果が動的モデルでは評価されたこと，そして，その重要性はより複雑な食物網で顕著であること

を意味している．動的モデルでは，基底種の絶滅は最上位の捕食者の絶滅よりも二次的絶滅を引き起こしやすいとの理論予測が導かれることが多いが（Pimm 1980; Borrvall et al. 2000; Christianou and Ebenman 2005; Eklöf and Ebenman 2006），これらのモデルで扱われる食物網はきわめて単純であることを考えると，現実の複雑な食物網ではこの最上位の捕食者の除去の効果はより重要になるのかもしれない．より現実的な複雑な食物網において，一次絶滅が生じる生物種の栄養段階と二次絶滅の規模の間にどのような関係があるかは，今後の重要な課題である．

　先に述べたように，静的アプローチによる理論研究においては，結合度の小さな食物網の方が，結合度の大きな食物網よりも，種の取り除きに対して脆弱である（Dunne et al. 2002）と予測されている．これは特定の種と基底種を結ぶ経路の冗長性（経路の数）によって説明された．さて，生物群集を構成する生物種が，生産者や植食者などのいくつかの機能をもつグループ（機能群: functional group）に分けられるとき，経路の冗長性は，機能群内部の種多様性と密接な関係がある．たとえば，被食者群と捕食者群からなる単純な2栄養段階系について考えよう．捕食者群に属するすべての種が被食者群に属するすべての種を利用できるとき，両方の機能群に最低一種の種が残っている限り，この2栄養段階のあいだのエネルギーの流れは失われない．つまり，機能群の内部の種多様性が高いということは，同じエネルギーの経路を担う冗長な種が複数いることを意味している．このようなとき，食物網は種の取り除きに対して頑強になると想像される．実際，理論研究は，二次絶滅の起こりやすさは食物網における機能群の内部の冗長性と関連づけられることを予測している．Borvall et al.（2000）は生産者，一次消費者，二次消費者の三つの機能群を用意し，それぞれの機能群に含まれる種の数を変化させ，モデル食物網における二次絶滅の起こりやすさを調べた．その結果，各機能群に多くの種を含んだ群集ほど，二次絶滅が起きにくくなった．これは経路の冗長性というネットワーク全体の特徴が，機能群レベルでの冗長性に支えられていることを示している．

3　生物群集のアキレス腱を見つける

　食物網の構造と連鎖絶滅の関係は，経路の数だけによって決まるのではない．食物網の一つの重要な特徴は，種あたりの相互作用の数のばらつきである．食物網においては，直接に相互作用をしている生物種の数を数えたとき，大多数の生物が数少ない生物種としか関わりを持たない一方，ごく少数の生物が非常に多くの生物種と相互作用をしている (Solé and Montoya 2001)．この強い偏りの存在によって，一次絶滅の生じかたと二次絶滅の規模との間にある特徴がうまれる．Solé and Montoya (2001) は，三つの現実の食物網について，先に述べた静的アプローチの方法 (Dunne et al. 2002) によって取り除き実験を行った．取り除かれる種の相互作用の数の二次絶滅への効果を見るために，ランダムに種を選んだ場合と，もっとも多くの相互作用を持つ種（「ハブ」種）から順に絶滅させる場合とを比較した．その結果，食物網はランダムな取り除きに対しては比較的頑強であるが，「ハブ」種の取り除きに対してきわめて脆弱であった．たとえば，イギリスの中南部にあるシルウッドパークで得られた 97ha のエニシダ (*Cytisus scoparius*) の群落に生息する 153 種の節足動物からなる食物網では，20%の種をランダムに取り除いても二次絶滅で失われる種は 10%程度にとどまったが，ハブ種から順に取り除いた場合には 10%程度の取り除きによってすべての種が二次絶滅によって失われた．「狙い撃ちに弱い」という同様の結果は，先に述べた Dunne et al. (2002) による種の取り除き実験や，動的アプローチに基づく Eklöf and Ebenman (2006) の理論研究でも確認されている．食物網においては，多くの種と種間相互作用をもつ種同士は互いに相互作用している可能性が高いという特徴 (Melián and Bascompte 2002) が知られている．食物網の「狙い撃ちに弱い」という結果はこの構造的な特徴と関係があるかもしれない．

　これらの理論予測の興味深い点は，取り除かれる種によって生じる二次絶滅の規模が大きく異なることである．これはキーストン種が生じる一つのメカニズムを示している．同時にこの理論予測は，キーストン種はネットワークの構造から推測できる可能性，つまり，より多くの生物種と相互作用を結

●コラム　絶滅の連鎖が起こるとき●

んでいる生物種がキーストン種になりやすいことを示唆している．

　相互作用の多い種が失われると大規模な二次絶滅が生じるという理論予測（Solé and Montoya 2001; Dunne et al. 2002; Eklöf and Ebenman 2006）を受けて，多くの種と相互作用を結んでいる生物種を優先的に保全することで大規模な二次絶滅を防ぐことができると考えるかもしれない．しかし，話はそれほど単純ではない．相互作用の数が少ないからといって，種の絶滅が群集に与える影響は小さいとは限らない．相互作用の数が少なくても，食物網においてその生物種が占める位置によっては，種の絶滅が大きな二次絶滅を引き起こす場合がある（Solé and Montoya 2001; Dunne et al. 2002）．たとえば，きわめて多くの種を支えている種が，ある特定の餌生物を利用しているとき，この餌生物はキーストン種になるだろう（Ebenman and Jonsson 2005）．つまり，多くの生物を支えるキーストン種を直接あるいは間接に維持している生物もまた，キーストン種になりうるのである．キーストン種の例としてよく知られている北太平洋におけるラッコの個体群は，そのよい例である．ラッコの個体数の減少が，多くの魚や無脊椎動物の減少を引き起こしたのは，ラッコが多くの生物を直接支えていたためではない．ラッコによるトップダウン効果の低下によって増殖したウニが，大型の海藻であるジャイアントケルプを食いつくしたからである（Esters and Palmisano 1974）．逆に，古典的な Paine (1966) の研究におけるキーストン捕食者のヒトデのように，多くの生物を排除する生物の個体群密度を低下させる生物もまた，キーストン種になりうるだろう．このような間接的な効果によって，相互作用の数が少ない種の絶滅が群集に甚大な二次絶滅をもたらす可能性は十分にあるだろう．

　キーストン種の特定という保全生態学における重要な課題は，相互作用の強さを考慮することで，新しい展開をもたらす可能性がある．上に述べた例では，キーストン種は，他の種に対して重要な直接効果をもつ，あるいはそのような種と関係する，という共通した特徴をもっていた．ラッコから，ウニ，ジャイアントケルプと連なる栄養カスケードが生じるのは，それらのあいだの相互作用が十分に強かったからだろう．しかし，最近の研究から弱い相互作用が群集の維持にとって重要な役割を果たす可能性がわかってきた（McCann et al. 1998; 本シリーズ第3巻4章参照）．強い相互作用で結びつけられ

ている生物種は不安定な動態を示すことが多いが，強い相互作用で結びついた生物種からなる部分群集間が弱い相互作用で結びつけられたとき，その動態が安定化する．これは，弱い相互作用をもった種が失われると，全体が不安定化する可能性を示唆している．実際，Christianou and Ebenman (2005) は相互作用の強さを考慮した動的モデルを用いて，食物網の中での位置によっては，弱い相互作用をもつ種の方が強い相互作用を持つ種よりもキーストン種になる可能性が高くなる場合があることを示した．

4 さらなる理解に向けて

　これまでの研究から食物網における連鎖絶滅についていくつかのパターンが浮かび上がってきた（表1）．たとえば，複雑な食物網であるほど生産者の一次絶滅の影響を受けにくい，たくさんの種と相互作用をしている種の一次絶滅ほど大規模な二次絶滅を起こしやすい等は，動的アプローチと静的アプローチのいずれからも得られるのでより一般的に成り立つように思われる．しかし，どのような生物群集が，そしてどのような一次絶滅が大規模な二次絶滅を引き起こすのだろうか，という問いの答えの本格的な探求はまだはじまったばかりである．捕食－被食関係という限られた種間相互作用のみを考えても，着手されていない問題が数多く残されている．最後に，これまでの研究で見過ごされてきた問題を指摘するとともに，将来探求されるべき課題をいくつか提案したい．

　連鎖絶滅がどのような速さで生じるかという問題は重要である（Borrvall and Ebenman 2006）．Tilman et al. (1994) は生息地の破壊によってもたらされる種の絶滅は，長い時間の遅れをともなう可能性があることを理論的に示した．同様のことは，二次絶滅においても見られるだろう．絶滅に長い時間的な遅れが生じるということは，二次絶滅が見過ごされてしまう危険があるのと同時に，絶滅に対処するための「猶予期間」があることを意味する．近年，インターネットや人間関係のネットワーク等のさまざまなネットワークにおいて，スモールワールド性と呼ばれる共通の構造が浮かび上がってきた．こ

表1 連鎖絶滅に関する静的アプローチと動的アプローチの仮定と予測の比較

		静的アプローチ	動的アプローチ
二次絶滅の判定方法		すべての餌生物の存続	個体群動態モデルによる
解析に必要な情報	食物網のトポロジー 種間相互作用の強さ	考慮する 考慮しない	考慮する 考慮する
理論予測	食物網の複雑性効果 (生産者の一次絶滅)	予測される	予測される
	食物網の複雑性効果 (消費者の一次絶滅)	予測される	予測されない
	ハブ種への攻撃に対する脆弱性	予測される	予測される
	キーストン種は種間相互作用の数が多い	予測される	予測される
	消費者よりも生産者の一次絶滅の効果が大きい	解析の仮定	食物網の複雑性に依存

れは，ネットワークから選び出した二つのノード（要素：たとえば食物網では「生物種」，社会ネットワークでは「人」）のあいだを結ぶ経路が非常に短くなる（リンクの数が少なくなる）特徴のことである．同様の構造的な特徴が食物網でも見いだされている（Williams et al. 2002; Montoya and Solé 2002）．Williams et al. (2002) は，現実の七つの食物網において，多くの種がきわめて短い経路でつながっていることを見いだした．2種間の「隔たり（一方からもう一方にいたるための経路のステップ数）」は平均して2であり，また，95％以上の種が3以下の隔たりでつながっていた．食物網において2種のあいだに数多くの種が介在するときには，一方の種の絶滅の影響が他方の種に波及するまでに長い時間がかかるだろう．だが，スモールワールド性が食物網における一般的なパターンであるならば，一次絶滅の効果は，私たちが想像するよりも遥かに早く，食物網全体に波及するかも知れない．

これまでの研究では，生物群集は閉じたシステムであると仮定されることが多かった．しかし，現実には，生物群集は外に向かって開かれており，絶えず系外からの移入にさらされている．生物群集における二次絶滅の生じ方

を考える際に，この系外からの移入過程を考慮にいれると新しい問題提起が可能になる．注目する生物群集における絶滅は系外からの移入（再定着）によって補償される可能性があるためだ．このようなとき，ある絶滅がさらなる連鎖絶滅につながるかどうかは，連鎖絶滅が生じる速さに依存するだろう．連鎖絶滅が生じるまでにかかる時間が長ければ，系外からの移入によって最初に失われた生物が回復し，おこるはずだった二次絶滅が回避される可能性がある．最初の絶滅から連鎖絶滅が生じるまでにかかる時間が，群集の構造や一次絶滅が生じる生物種の特徴に依存するならば（Borrvall and Ebenman 2006），系外に開かれた生物群集の二次絶滅への脆弱性もこれらの特徴に影響されるだろう．

　また，移入による生物種の再定着の可能性は，そのときの群集構造に影響を受けるだろう．絶滅から移入までに長い時間がかかった場合，群集構造はもともとのそれとは大きく変わっている可能性がある．この群集が絶滅した生物の再定着を受け入れるとは限らない．元の群集では存続できた生物も，その生物が絶滅した後に群集が変わると，存続できない可能性がある（Ives and Cardinale 2004; Lundberg 2006）．どのような群集において，あるいはどのような一次および二次絶滅が生じたときに，群集が「閉じられて」しまう（community closure）のかという問題は，生物多様性の回復を考える上で重要だろう．

　さらに，最近の理論研究によって示されたように，生物群集の安定性が捕食者の進化や形態の可塑性によって維持されている（Kondoh 2003）ならば，これも二次絶滅のおこり方に影響を与える可能性がある．たとえば，より卓越した被食者にスイッチするような捕食者は，被食者の共存を促進することが知られている（Tansky 1978; Holt 1983）．このような捕食者の一次絶滅は，群集の安定性を低下させ，大規模な絶滅を引き起こすかもしれない．また，適応的な可塑的反応が，その群集における長い進化の歴史の中で形作られてきたものであれば，その喪失は系外からの移入によっては補償されない可能性もある．群集生態学の視点に基づく生物多様性の保全の考え方は，群集間の生物の移出入の生じる広い空間スケールを考慮に入れるべきことを提唱しているが，それだけではなく，生物群集に固有な進化や群集構造の成立の歴

●コラム　絶滅の連鎖が起こるとき●

史にも配慮すべきことを強く主張している．

終　章

応用群集生態学への展望

椿　宜高・大串隆之・近藤倫生

　人類はその歴史をとおして，生活の糧のほとんどをさまざまな生物から得てきた．これは衣食住にとどまらない．大気中の酸素も，清浄な淡水も生物の活動から得られる恵みにほかならない．植物は無機物と太陽エネルギーから有機物をつくって蓄え，酸素を排出する．動物は，植物やほかの動物を餌として食うことでエネルギーの転換に寄与するだけでなく，生態系の食物網構造やその安定性にも影響を及ぼす．分解者は遺体や排泄物などの有機物を分解することでエネルギーを得ており，この活動が自然の「浄化機構」を担っている．われわれの生存はこれらの生物の営みのうえに，あるいはそれらとの関わり，つまり「生物間相互作用」のうえに成り立っている．このような，生態系がわれわれに提供するサービスのことを，「生態系サービス」とよぶ．国際連合の提唱によって2001年から2005年にかけて行われた「ミレニアム生態系評価（MAと略す）」によると，われわれが生態系から得ている恩恵（生態系サービス）には，①生態系そのものを持続させる支持機能，②食糧や水，燃料などを供給する機能，③水質や空気，気象などを調節する機能，④精神や教育などに関わる文化的機能に由来する4種類があるとされている（国連ミレニアム2007；図1）．

　生態系サービスがどのような機構で維持されているかという問題を理解する必要が生じたのは，われわれ人類がこれらのサービスに及ぼす影響が無視

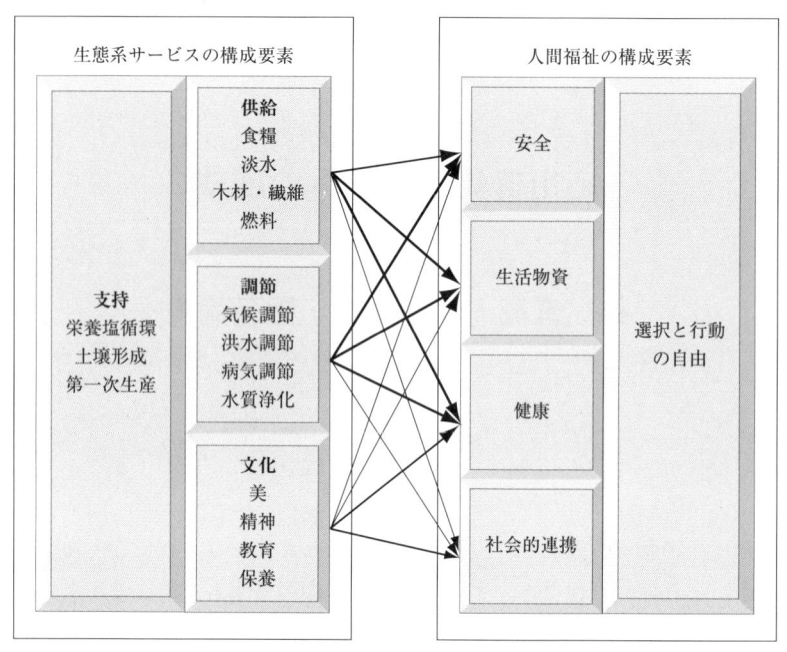

図1 生態系サービスの構成要素と福祉の構成要素.
矢印の太さは関連性の強さを示す. 国連ミレニアム (2007) より.

できないほど大きくなったためだ. 人口が少なく, 自然を開発する技術も未発達な時代には, 自然から衣食住をいかに確保するかを心配すればよかっただろう. われわれの生活が, 多様な生態系サービスに依存していることなど, 気にかける必要はなかったのかもしれない. しかし, 人類は, 21世紀に入る頃までに, あっという間に生態系を食いつくしてしまう力を身につけてしまった. 実際, 生態系機能のうち支持機能だけを取り上げても, 1950年から2000年までの約50年間に, 人間活動の影響を受けて大きな変化を見せている (表1). たとえば, ①取水とダム貯蔵の増加によって砂漠化の進行が起き, 河川の流水量が減少している, ②大面積の熱帯林やマングローブ林などが耕作地へと変更された, ③窒素肥料やリン肥料の過剰使用によって栄養塩の土壌への蓄積と河川や海への大量流出が起きている, ④増大した化石燃料の使用が地球の気候システムを変化させた, ⑤これらの変化にともない, 生物種の大量絶滅が起きている, ⑥生物の意図的な長距離運搬や輸送に随伴す

表1 地球あるいは地域スケールでみた生態系サービス（供給サービス・調節サービス・文化的サービス）の1950年から2000年に生じた変化．

供給サービス		増減	備考
食糧	穀物生産	↑	生産量のかなりの増加
	畜産	↑	生産量のかなりの増加
	漁獲	↓	乱獲による減少
	養殖漁業	↑	生産量のかなりの増加
	野生食糧	↓	生産量の低下
繊維	材木	+/−	森林増加地域と減少地域
	綿・麻・絹	+/−	地域ごとに生産作物が変化
	木製燃料	↓	生産量の減少
遺伝子資源		↓	絶滅，穀物の品種の減少
生化学製品，医薬		↓	種の絶滅，過剰採取
淡水資源		↓	飲料，工業，灌漑の過剰採水とダム貯蔵
調節サービス		増減	備考
大気質調節		↓	大気の自浄能力の低下
気候調節（全球スケール）		↑	20世紀中期以降，森林がシンクとなる
気候調節（地域・地方スケール）		↓	気候変動の負の影響を受ける地域が増えた
水位調節		+/−	生態系による違いが大きい
土壌浸食の制御		↓	土地の衰弱
水質調節と廃棄物処理		↓	水質の低下
病気の制御		+/−	生態系による違いが大きい
害虫害獣の制御		↓	殺虫剤などの使用により，自然の制御力の低下
花粉媒介		↓	ポリネータの減少
自然災害の制御		↓	湿地やマングローブなど，自然緩衝帯の減少
文化的サービス		増減	備考
精神的・宗教的価値		↓	畏怖の対象となる森や生物の減少
美的価値		↓	自然の景観の質的低下と量的減少
リクリエーションとエコツーリズム		+/−	アクセスが容易になる一方，質は低下

国連ミレニアム（2007）より．

る移動によって世界の生物相が均一化している，などである．さらに，これらの支持機能の変化が原因となって，供給機能や調節機能，文化的機能にさまざまな変化が生じ，それが人類の福祉にまで影響を与えている（表1）．開発を制御しながら，生態系を適切に管理しなければ，人類は近い将来に重大な危機にさらされることになるだろう．

1 生物群集が提供する生態系サービス

　では，どうすれば生態系サービスを維持することができるのだろう？　この問題に答えるためには，生態系サービスがどのようにして生まれているかを理解する必要がある．これまでの単純な発想の一つは「生物種やグループのなかには，他のものと比較して，より人間の役に立っているものとそうでないものとがある」というものだ．しかし，群集生態学の視点に立つとき，「より役に立つ，保全すべき生物」を特定しようというアイデアはその意味を大きく変えてしまう．

　第一に，他の生物に依存しているのは，人間だけではない．生態系は実に多くの種の植物・動物・微生物で成り立っているが，いかなる生物も生態系のなかでしか生きられない．つまり，すべての生物は他の生物との相互作用をとおして生きており，また維持されているのである．このため，直接的には人間の役に立っていないように見える生物が，相互作用のネットワークをとおして，役に立つ生物種の維持にとっては不可欠になることがある．

　第二に，異なる機能をもった生物種がたがいに相互作用することで，人間の役に立っている場合がある．たとえば生態系における物質の流れに代表されるような生態系機能は，単独の生物によってもたらされるのではない．物質循環の過程では，それぞれの機能をもつ多くの生き物の，食う食われる関係の繋がりが消費と分解の過程を担っている．さらに，土壌中の動物や微生物などによって分解された無機物は，再び生産の過程にフィードバックされる．ここにも，分解者と生産者の密接な繋がりがあるのだ．つまり，生物間の「機能の役割分担」によって，生態系機能が生まれ，それが相互作用のネットワークを介して，人間を含めたあらゆる生物の生存を支えている．生態系サービスは，個々の生物が単独ではなく，生物間の相互作用によって維持されることで，たえまなく生み出されているのである．

　第三に，生態系レベルの過程において同じ機能を果たす生物群が多様であるほど，生態系機能が維持されやすい．これは同一の機能をもつ生物種が複数存在することで，冗長性が生まれること（保険効果；insurance effect）と，異

なる環境条件下でもその機能的役割をたがいに補完するものが出てくるため（ニッチ相補効果；complementarity effect）である．とくに後者の効果は，資源をよりうまく利用できる（＝生態系における機能的役割をよりうまく果たすことのできる）生物種が，競争の過程をとおして，より卓越しやすいという，競争関係の基本的パターンによって生み出されることを考えると，ここにも生物間相互作用の重要性を見ることができる．

　生態系サービスは，生物群集における生物間相互作用を抜きにしては議論することができない．実際，これまで生物群集における生物間相互作用を意識しない，あるいは無視することがあたり前であった産業分野においても，生態系におけるこれらの役割に目を向け，その力を借りることでよりよいサービスを得ることができるだろう．第3章は，農業の近代化がもたらしたさまざまな問題を，群集生態学の視点から検討している．そもそも農業は，自然から生まれるさまざまな生態系サービスのうち，特定のサービスだけを最大化して収穫しようとする産業である．その結果として，土地は疲弊し，害虫は薬剤抵抗性を獲得し，作物の収量が低下するのは当然である．それを補うために，化学肥料や化学農薬，石油資源を外部から大量に投入するのが近代農業である．しかし，エネルギーを過度に投入された農業生態系が，自然生態系の物質やエネルギーの流れとは大きくかけ離れているのは，これもまた当然のことである．昨今のエネルギー問題・食の安全・コストの増大・農業人口の減少などで，大量のエネルギーを投入することが困難になりつつある．そこで，自然の力を借りた農業の必要性が叫ばれているのだ．ここでいう自然の力とは，作物以外の生物のはたらきのことであり，それが作物生産に及ぼす影響は，生物間相互作用の所産にほかならない．ところがその影響は，生物間相互作用のありかたによって大きく変わってしまうのだ．次節で述べるように，「思いもよらない結果」を招いてしまうことさえある．このため，効率のよい低投入持続型農業を目指すには，生物間相互作用のネットワークを十分に考慮するために，群集生態学の知識が不可欠なのである．問題は，短期的な収入増から長期的な安定収入へと発想を切り替える，低投入持続型農業がどれだけ生産者に受け入れられるかである．この試みの成否は，「安いけれど環境への負荷の大きい農作物」から「高価だが安全な農作物」

へと，消費者の発想が転換できるかどうかにも依存している．

2 生物群集といかにつきあうか

　生物群集によってもたらされるサービスを維持するためには，生物の個体数や群集構造を制御することが必要である．しかし，これはいうほど簡単なことではない．なぜなら，多種と相互作用する生物群集では，間接効果に代表されるような因果関係の複雑な連鎖によって，「思いもよらない効果」が生じるからである（本シリーズ第3巻参照）．この生物群集の複雑性に由来する「思いもよらない効果」によって，人類が直接的な被害を受ける場合も少なからずある．そのもっともわかりやすい例の一つは，生物の侵入であろう（第4章参照）．温暖化による生物種の北上は，外来種と在来種の新たな相互作用を生み，ときには在来種の絶滅をもたらすこともある．生物農薬として導入された天敵は，生物間相互作用の利用を意図したものである．ペットや鑑賞用植物として外国から持ち込まれた生物が野外に逃げだすと，在来種にとって思いもよらぬ強力な捕食者となったり，競争種となったりする．わが国では，人間が意図的に持ち込んだ外来種のうち，野外に分布を拡大して生態系に大きな影響を与えている生物を特定外来生物とよび，駆除の対象にしているが，温暖化などによって北上する種も侵略的外来種となる恐れがある．いずれにせよ，一たび侵入して分布を拡大した外来種を根絶する方法はほとんどない．その例外は，沖縄群島から外来種のウリミバエの根絶に成功した事業に見ることができる．この場合は，工場でウリミバエを大量増殖し，オスに不妊化処理をして大量に空中散布し，十数年をかけてようやく根絶に導いたのである（伊藤2008）．ウリミバエの根絶には配偶行動を利用したが，生物の力を借りなければ，特定の種を根絶させるような壮大な事業の成功はおぼつかない．しかも，同様の不妊化法が他の外来種に使えるとは限らないのである．第4章で提案しているのは，外来種の原産地からスペシャリスト天敵を導入することだが，生物群集の構造を把握しておかなければ思わぬ危険性がともなうことは否めない．小笠原のグリーンアノール（アノリストカ

ゲ) やセイヨウミツバチ，本土に侵入したマツノザイセンチュウの例を見ると，一たび侵入した外来種の駆除がいかに困難かがよくわかる．さらに，コラムで解説したように，ある生物種が失われたとき，その影響は相互作用のネットワークをとおして，生物群集のなかに広がっていく．ちょうどドミノ倒しのように，ある生物種の絶滅が他の直接あるいは間接に関わる生物種の絶滅の引きがねとなる．「思いもよらない」絶滅の連鎖を防ぐためにも，生物間相互作用のネットワーク構造を理解することが必要なのである．

自然あるいは応用を問わず，生態系のような直接・間接の相互作用によって成り立っている複雑なシステムでは，特定の操作に対する系の反応を理解することがきわめて難しい．しかし，困難であるからこそチャレンジする価値が大きいにある．究極的には，この「群集複雑系」を制御することが，応用群集生態学には求められている．この試みはまだはじまったばかりだが，それらを紹介した本巻の内容から，群集生態学の考え方を活かす方向性を垣間見ることができる．

一つ目の方向性は，これまで考慮されなかったような種間相互作用に注目することで，「思いもよらない効果」をある程度予測できるものに変えることである．漁業管理における群集生態学的な視点の重要性を指摘した第1章では，そのことが大きく取り上げられている．この章は，群集生態学の発想を基にした，複数種の資源管理を同時に考える漁獲ルール作りが，これまでの魚種の個体群管理に変革をうながすことを示している．特定種の個体群動態が，他の種（競争種・餌種・捕食種）の個体群動態と密接に関係することは，群集生態学が明らかにしてきたところである．たとえば強力な捕食種である人間の影響力を，魚種の盛衰にあわせてスイッチングさせることは，持続的な資源管理につながる可能が高い．また，非利用魚種との相互作用を考慮するより多数種を対象にした群集理論から，新たな漁獲ルール作りの芽が生まれようとしていることがわかるだろう．

二つ目の方向性は，生物群集に生じるマクロなパターンを利用することである．生物群集の複雑性のため，われわれがそれを制御することがまったく不可能かというとそうではない．実際，群集生態学では，特定の環境条件に対して，生物群集があるパターンで反応することが知られており，これをう

まく利用することで生態系の管理や保全が可能になるかもしれない．第2章では，この考え方を背景に，わが国の森林を価値あるものとして維持管理するための新しいアイデアが提案されている．一般に，森林からは，食糧・木材・淡水・薪・洪水制御・炭素貯蔵・気候調節・医薬・レクリエーション・美的価値・宗教的価値など，ほとんどあらゆる生態系サービスが提供されるといわれている．しかし，南北に長く急峻な地形が多いわが国で，さまざまな気象・標高・地形・地質条件の場所に造林されたスギやヒノキの森林に，同じ生態系サービスを期待するのは無理がある．まず，土地条件によって異なる生産性と安定性に基づいてゾーニングを行い，それぞれにふさわしい生態系サービスを求める森林管理の方法を取るべきだというのが第2章の骨子である．ゾーニングには，攪乱の影響の大きさと競争置換の速度の関係を考慮したHuston (1979, 1994)の種多様性の動態平衡モデルが使われている．種多様性の最大化を目標に，適度の攪乱を導入しようとする森林管理の提案が，林業現場から受け入れられるかどうかは今後の議論に待つしかないが，きわめて大胆な提案であり，実験的な導入を期待したい．

　群集生態学から得られる予測をもとに，保全や管理のゴールを設定するというのも群集生態学の視点を応用する一つの方向性であろう．第5章で紹介された，コウノトリの野生復帰を旗印にした農業生態系の修復事業はその好例である．コウノトリを頂点とする生態系ピラミッドの復元という図式は，農家がインセンティブをもつのに，ほどよいわかりやすさと論理を与えてくれるだろう．これまでの農業の近代化において，農地とは食糧を生産する工場であり，単一作物の生産性を低下させるあらゆる邪魔者を排除するという考え方で改革が推し進められてきた．そのために，機械の入れやすい水田，手間のかからない灌漑法，農薬による病害虫の駆除，化学肥料の使用が進められた．その結果，農村から浅い水場がなくなり，農薬の使用で多くの小動物が消え，化学肥料によって土地は疲弊し，ついにはコウノトリが消えていったのである．群集生態学の古典的な成果である「食物網の生態系ピラミッド」に基づく，この説明は説得力をもっている．コウノトリを復活させるには，このプロセスの逆をたどればよい．しかし，農家が動くには，もう一つの工夫が必要である．それは，コウノトリが安全な農産物の証人となる

ことである．それでも，環境修復には，生態学的な理屈のみならず，地域社会との合意の形成が重要となる．コウノトリだけでなく，トキ・ホタル・トンボなどをシンボルにした農業生態系の修復事業が各地ではじまっている．ぜひとも，生態学者の参画によって多様な価値観をたたかわせ，特色ある成果を出してもらいたいものである．

3 新たな応用群集生態学の課題

　この巻で扱うことのできたテーマは，ごくわずかである．表1を見ると，MAがどのような生態系サービスを重視しているかがわかる．表の中央の列には，当該の生態系サービスが最近50年間に増減したかが矢印で示されている．生態系サービスが減少している項目に関しては，もちろん，その維持と回復を図る対策が必要で，そのために研究すべき課題は数多い．しかし，増加している生態系サービスにも問題は含まれている．たとえば，食糧供給サービスのうち，穀物生産・畜産・養殖漁業が増加している．だからといって，これらの生態系サービスが当面安心だと考えてはならない．なぜなら，穀物生産の増加は集約農業の拡大が原因であり，そのために他の生態系サービスを犠牲にしているからである．畜産や養殖漁業についても同様のことがいえるだろう．つまり，ほとんどあらゆる種類の生態系サービスに関して，仔細に検討すべき問題が含まれている．生態系サービスの量的な評価，何が増減の原因であるのかの解明，持続的に利用できる方策の提案など，群集生態学が切り込める問題が山積みである．若手研究者による果敢な挑戦に期待したい．

　これまで，生態学の応用分野は，特定の害虫や動植物の管理を目的とする個体群生態学的なアプローチを中心に発展してきた．これに対して，シリーズ『群集生態学』の最後の巻では，農業・林業・漁業などの人間活動による生態系の変化がどのような群集生態学の理論によって説明されるのか，また，生態系の保全や管理において群集生態学の考え方がなぜ必要であるのか，さらに，生態系サービスがいかに多様な生物間相互作用のはたらきに大

きく依存しているか，などを述べてきた．いわば，群集生態学が取り組むべき生態系の保全と管理に関する課題の提示である．

ところで，研究者の間では「基礎と応用」という言葉がしばしば使われる．これは日本の大学組織が理学部，工学部，農学部などに区分されており，理学部が基礎科学を，工学部や農学部が応用科学を担うとされてきたことがその歴史的背景にあると思われる．しかし，境界領域や分野融合的な研究が発展するにともない，基礎と応用といった単純な区別はできなくなってきた．たとえば，個体群生態学は害虫や資源管理の場面で盛んに使われるが，個体群生態学はこのような応用的な課題に挑むことによって発展してきたのである．この分野では個々の研究が基礎的か応用的かを区別することはほとんど意味がなくなっているように思える．

群集生態学についても，応用分野からの問題が課されることが発展の起爆剤となると期待されるが，群集生態学を基本概念とするような生態系管理の手法開発が注目されるようになったのは，ようやく近年になってからのことである．言い換えれば，これまで群集生態学は基礎科学としての性格が強かったということになる．

基礎科学は客観性・普遍性・論理性を骨組みとして，還元論的な分析の科学を展開してきたため，社会との接点はそれほど必要でなかった．しかし，近年はさまざまな分野の融合によって科学が巨大化し，ライフサイエンスや地球環境学など，自然科学から社会科学までの広範な分野の連携による，使命達成型の研究分野が発展し（日本学術会議 2007），これまでのような基礎科学あるいは応用科学といった区分は意味をもたなくなりつつある．このような背景から，日本学術会議（2003）は科学の大系を整理し，科学は大きく「認識科学」と「設計科学」からなるとしている．分析的な手法で真理を知ろうとする認識の科学と，それを実践に応用しようとする設計の科学である．認識科学は「科学のための科学」，設計科学は「社会のための科学」ともいわれている（金澤ら 2009）．そして，使命達成型の総合科学は認識科学と設計科学の「知の統合」という形で発展する．そのため，総合科学は「社会のための科学」の側面が強く意識されると同時に，その社会的責任が強く問われている．そして，群集生態学も地球環境問題に関わろうとする総合科学に参画し

つつある.

　一つの例で考えてみよう. 群集生態学の基礎理論の一つに, Arrhenius (1921) の種数−面積曲線がある. この理論は, 面積が大きいほどその中に含まれる生物の種数が多いことを教えてくれた. そして, MacArthur and Wilson (1967) は種の侵入と絶滅のバランスの結果として, 種数−面積曲線が実現することを示した (種数平衡理論). このような答え方が認識科学のスタイルである. では, この理論から生物群集を維持するための自然保護区の面積はどれくらいが適切かという, 現実的な問題の答えが得られるだろうか. もちろん, この理論だけでは無理である. そのためには, 一定の目的と価値を実現させることを, つまり保護区の中に何種の生物を生活させるかを, ある価値観に基づいて決めなければならない. 実際, いくつかの小さな保護区と一つの大きな保護区のどちらを設定するのがよいかという論争 (SLOSS 問題) がかつて行われたが, その答はどこに目標を設定するかによって大きく変わる (Pullin 2002). 単に全体の種数を最大にすることを目標とするならば, 種数平衡理論に基づいて, 小さな保護区の方がよいということになりうる. 頭打ちになる種数−面積曲線の形からもわかるように, 面積が小さい方がランダムに移住する生物種を保持する能力が大きいためだ. しかし, 個々の種をいかにして維持するかという問題設定をすれば, メタ個体群の理論からも導かれるように, 逆に大きな面積が必要だということになる. このような例からわかるように, 生態学には国土を利用するための「設計」のアイデアが求められていることになる. しかし, 設計科学に相当する研究分野は, 群集生態学者にはまだほとんど馴染みがない. 認識科学は, 将来にわたり人類が発展するうえでの基盤であり, 長期的な視野で推進されねばならない. しかし, 21 世紀における科学研究には, 持続可能性という価値観を柱とする設計科学の発想も必要である. この巻で扱われた問題によって, 認識科学と設計科学を車の両輪とした新たな群集生態学の誕生を予感してもらえれば, 編者として望外の喜びである.

引用文献

Abe,T. (2006) Threatened pollination systems in native flora of the Ogasawara (Bonin) Islands. Annals of Botany, 98: 317-334.

安部哲人（2008）Invasive mutualism による小笠原諸島の送粉系崩壊．第 55 回日本生態学会大会講演要旨集，p. 172.

Abe, T., Makino, S. and Okochi, I. (2008) Why have endemic pollinators declined on the Ogasawara Islands? Biodiversity and Conservation, 17: 1465-1473.

Abrams, P.A. (1995) Implications of dynamically variable traits for identifying, classifying, and measuring direct and indirect effects in ecological communities. American Naturalist, 146: 112-134.

Agrawal, A.A. (2003) Why omnivory? Ecology, 80: 2521.

Allen, F.A. (1991) The Ecology of Mycorrhizae. Cambridge University Press, Cambridge, UK. （中坪孝之．堀越孝雄訳（1995）『菌類の生態学』共立出版，東京．）

Al-Mufti, M.M., Sydes, C.L., Furness, S.B., Grime, J.P. and Band, S.R. (1977) A quantitative analysis of shoot phenology and dominance in herbaceous vegetation. Journal of Ecology, 65: 759-791.

Andow, D.A. (1991) Vegetational diversity and arthropod population response. Annual Review of Entomology, 36: 561-586.

新井一司（2008）奥多摩の急峻地に適した急斜面版シカ侵入防止柵の開発．東京都農林総合研究センター研究報告，3: 67-70.

Arrhenius, O. (1921) Species and area. Journal of Ecology, 9: 95-99.

August, P.V. (1983) The role of habitat complexity and heterogeneity in structuring tropical mammal communities. Ecology, 64: 1465-1513.

Baillie, J.E.M., Hilton-Taylor, C. and Stuart, S.N. (2004) 2004 IUCN red list of threatened species: a global species assessment. IUCN Publication Service Unit, Cambridge, UK.

Bannister, J.L. (1994) Continued increase in humpback whales off Western Australia. Report of International Whaling Commission, 44: 309-310.

Beck, B.B., Rapaprot, L.G., Sanley Price, M.R. and Wilson, A.C. (1994) Reintroduction of captive-born animals. pp. 265-286. In Olney, P.J.S., Mace, G.M. and Feistner, A.T.C. (eds.), Creative Conservation, Chapman & Hall, London, UK.

Beissinger, S.R. and McCullough, D.R. (2002) Population Viability Analysis. University of Chicago Press, Chicago, USA.

Borowicz, V.A. (1997) A fungal root symbiont modifies plant resistance to an insect herbivore. Oecologia, 112: 534-542.

Borrvall, C. and Ebenman, B. (2006) Early onset of secondary extinctions in ecological communities following the loss of top predators. Ecology Letters, 9: 435-442.

Borrvall, C., Ebenman, B. and Jonsson, T. (2000) Biodiversity lessens the risk of cascading extinction in model food webs. Ecology Letters, 3: 131−136.

Branch, T.A. (2006) Abundance estimates for Antarctic minke whales from three completed circumpolar sets of surveys, 1978/79 to 2003/04. IWC Scientific Committee document, SC/58/IA, 18: 28 pp.

Branch, T.A., Matsuoka, K. and Miyashita, T. (2004) Evidence for increase in Antarctic blue whales based on Bayesian modeling. Marine Mammal Science, 20: 726−743.

Brust, G.E. (1994) Natural enemies in straw-mulch reduce Colorado potato beetle populations and damage in potato. Biological Control, 4: 163−169.

Butterworth, D.S. and Plagányi, É.E. (2004) A brief introduction to some approaches to multispecies/ecosystem modeling in the context of their possible application in the management of South African fisheries., African Journal of Marine Science, 26: 53−61.

Butterworth, D.S., Punt, A.E., Geromont, H.F., Kato, H. and Fujise, Y. (1999) Inferences on the dynamics of Southern Hemisphere minke whales from ADAPT analyses of catch-at-age information. Journal of Cetacean Research and Management, 1: 11−32.

Butz Huryn, V.M. (1997) Ecological impacts of introduced honey bees (*Apis mellifera* L.). Quarterly Review of Biology, 72: 275−297.

Cardinale, B.J., Harvey, C.T., Gross, K., and Ives, A.R. (2003) Biodiversity and biocontrol: emergent impacts of a multi-enemy assemblage on pest suppression and crop yield in an agroecosystem. Ecology Letters, 6: 857−865.

Cardinale, B.J., Weis, J.J., Forbes, A.E., Tilmon, K.J. and Ives, A.R. (2006) Biodiversity as both a cause and consequence of resource availability: a study of reciprocal causality in a predator-prey system. Journal of Animal Ecology, 75: 497−505.

Case, T. (1990) Invasion resistance arises in strongly interacting species-rich model competition communities. Proceedings of the National Academy of Science of the United States of America, 87: 9610−9614.

Casey, D. and Hein, D. (1983) Effects of heavy browsing on a bird community in deciduous forest. Journal of Wildlife Management, 47: 829−836.

Caswell, H. (1978) Predator-mediated coexistence: a nonequilibrium model. American Naturalist, 112: 127−154.

Christensen, V., Walters, C.J. and Pauly, D. (2005) Ecopath with Ecosim: a User's Guide, November 2005 Edition. Fisheries Centre, University of British Columbia, Vancouver, Canada.

Christianou, M. and Ebenman, B. (2005) Keystone species and vulnerable species in ecological communities: strong or weak interactors? Journal of Theoretical Biology, 235: 95−103.

クラーク, C.W. (1988)『生物資源管理論：生物経済モデルと漁業管理』(田中昌一監訳) pp. 149−153. 恒星社厚生閣, 東京. [原著 1985 年]

Cody, M.L. (1974) Competition and the Structure of Bird Communities. Princeton University Press, Princeton, USA.

Connell, J.H. (1978) Diversity in tropical rainforests and coral reefs. Science, 199: 1302−1310.

引用文献

Costanza, R., d'Arge, R., de Groot, R., Farber, S., Grasso, M., Hannon, B., Limburg, K., Naeem, S., O'Neill, R.V., Paruelo, J., Raskin, R.G., Sutton, P. and van den Belt, M. (1997) The value of the world's ecosystem services and natural capital. Nature, 387: 253−260.

Courchamp, F., Langlais, M. and Sugihara, G. (1999) Cats protecting birds: modeling the mesopredator release effect. Journal of Animal Ecology, 68: 282−292.

Crooks, K. and Soule, M. (1999) Mesopredator release and avifauna extinctions in a fragmented system. Nature, 400: 563−566.

Daehler, C., Denslow, J., Ansari, S. and Kuo, H. (2003) A risk-assessment system for screening out invasive pest plants from Hawaii and other Pacific Islands. Conservation Biology, 18: 360−368.

DeGraaf, R.M., Healy, W.M. and Brooks, R.T. (1991) Effects of thinning and deer browsing on breeding birds in New England oak woodland. Forest Ecology and Management, 41: 179−191.

Denno, R.F., Finke, D.L. and Langellotto, G.A. (2005) Direct and indirect effects of vegetation structure and habitat complexity on predator-prey and predator-predator interactions. pp. 211−239. In Barbosa, P. and Casstellanos, I. (eds.), Ecology of Predator-Prey Interactions. Oxford University Press, Oxford, UK.

Dixon, A.F.G. (2000) Insect Predator-Prey Dynamics. Cambridge University Press, Cambridge, UK.

Dobel, H.G. and Denno, R.F. (1994) Predator-planthopper interactions. pp. 325−399. In Denno, R.F. and Perfect, T.J. (eds.), Planthoppers: Their Ecology and Management. Chapman & Hall, New York, USA.

Doutt, R.I. (1964) The historical development of biological control. pp. 21−42. In DeBach, P. (ed.), Biological Control of Insect Pests and Weeds. Chapman & Hall, London, UK.

Dunne, J., Williams, R.J. and Martinez, N.D. (2002) Network structure and biodiversity loss in food webs: robustness increases with connectance. Ecology Letters, 5: 558−567.

Dupon, Y., Hansen, D., Valido, A. and Olesen, J. (2004) Impact of introduced honey bees on native pollination interactions of the endemic *Echium wildpretii* (Boraginaceae) on Tenerife, Canary Islands. Biological Conservation, 118: 301−311.

Dyer, L.E. and Landis, D.A. (1996) Effects of habitat, temperature, and sugar availability on longevity of *Eriborus terebrans* (Hymenoptera: Ichneumonidae). Environmental Entomology, 25: 1192−1201.

D'Antonio, C. and Dudley, T. (1993) Alien species: the insidious invasion of ecosystems by plants and animals from around the world has become a major environmental problem. Pacific Discovery 1993, summer 9−11 (cited in Olesen et al. 2002).

Ebenman, B. and Jonsson, T. (2005) Using community viability analysis to identify fragile systems and keystone species. Trends in Ecology and Evolution, 10: 568−575.

Ebenman, B. Law, R. and Borrall, C. (2004) Community viability analysis: the response of ecological communities to species loss. Ecology, 85: 2591−2600.

Eklöf, A. and Ebenman, B. (2006) Species loss and secondary extinctions in simple and complex model communities. Journal of Animal Ecology, 75: 239−246.

Elton, C. (1958) The Ecology of Invasion by Animals and Plants. Methuen, London, UK.（『侵略の生態学』（川那部浩哉・大沢秀幸・安部琢哉訳 1971）思索社，東京）

Emmons, L.H. (1980) Ecology and resource partitioning among nine species of African rain forest squirrels. Ecological Monographs, 50: 31−54.

Esters, J. and Palmisano, J. (1974) Sea otters: their role in structuring nearshore communities. Science, 185: 1058−1060.

Eubanks, M.D. (2005) Predaceous herbivores and herbivorous predators. pp. 3−16. In Barbosa, P. and Casstellanos, I. (eds.), Ecology of Predator-Prey Interactions. Oxford University Press, Oxford, UK.

Eubanks, M.D. and Denno, R.F. (1999) The ecological consequences of variation in plants and prey for an omnivorous insect. Ecology, 80: 1253−1266.

Eubanks, M.D. and Styrsky, J.D. (2005) Effects of plant feeding on the performance of omnivorous "predators". pp. 148−177. In Wackers, F., van Rijn, P.C.J. and Bruin, J. (eds.), Plant-Provided Food for Carnivorous Insects. Cambridge University Press, Cambridge, UK.

Evans, E.W. and England, S. (1996) Indirect interactions in biological control of insects: pest and natural enemies in alfalfa. Ecological Applications, 6: 920−930.

FAO (1966) Report of the FAO/UNEP panel of experts on integrated pest control 1965, Rome. Part 1, 91pp; Part 2, 186 pp; Part 3, 129 pp.

FAO (2003) The ecosystem approach to fisheries. FAO Technical Guidelines for Responsible Fisheries. No. 4, Suppl. 2. FAO, Rome, Italy.

FAO (2004) Report of the expert consultation on interactions between sea turtles and fisheries within an ecosystem context. FAO Fisheries Report, No. 738. FAO, Rome, Italy.

FAO (2008) Fisheries management. 2. The ecosystem approach to fisheries. 2.1 Best practices in ecosystem modeling: modeling ecosystem interactions for informing an ecosystem approach to fisheries. FAO Fisheries Technical Guidelines for Responsible Fisheries. No. 4 Suppl. 2.1. FAO, Rome, Italy.

Ferguson, K.I. and Stiling, P. (1996) Non-additive effects of multiple natural enemies on aphid populations. Oecologia, 108: 375−379.

Finke, D.L. and Denno, R. (2002) Intraguild predation diminished in complex-structured vegetation: implications for prey suppression. Ecology, 83: 643−652.

Finke, D.L. and Denno, R. (2004) Predator diversity dampens trophic cascades. Nature, 429: 407−410.

Flowerdew, J.R. and Ellwood, S.A., (2001) Impacts of woodland deer on small mammal ecology. Forestry, 74: 277−287.

Francis, R.C. and Hare, S.R. (1994) Decadal-scale regime shifts in the large marine ecosystems of the North-east Pacific: a case for historical science. Fisheries Oceanography, 3: 279−291.

藤森隆郎（2006）『森林生態学：持続可能な管理の基礎』全国林業改良普及協会，東京．
深谷昌次（1973）戦前までの害虫防除史．『総合防除』（深谷昌次・桐谷圭治編）pp. 1-28 講談社, 東京．
Fulton, E.A., Smith, A.D.M. and Punt, A.E. (2004) Ecological indicators of the ecosystem effects of fishing: Final Report. Report No. R99/1546, Australian Fisheries Management Authority, Canberra, Australia.
船越眞樹（1990） 小笠原諸島におけるギンネム林の成立：移入と分布拡大を巡る覚え書きその4．小笠原研究年報，14: 21-51．
古澤仁美・荒木誠・日野輝明（2001）シカとササが表層土壌の水分動態に及ぼす影響．森林応用研究, 10: 31-36．
古澤仁美・宮西裕美・金子真司・日野輝明（2003）ニホンジカの採食によって林床植生の劣化した針広混交林でのリターおよび土壌の移動．日本林学会誌，85: 318-325．
Furusawa, H., Hino, T., Kaneko, S. and Araki, M. (2005) Effects of dwarf bamboo (*Sasa nipponica*) and deer (*Cervus nippon centralis*) on the chemical properties of soil and microbial biomass in a forest at Ohdaigahara, central Japan. Bulletin of the Forestry and Forest Products Research Institute, 4: 157-165.
二井一禎(2003)『マツ枯れは森の感染症：森林生物相互関係論ノート』文一総合出版, 東京．
二井一禎・肘井直樹（2000）『森林微生物生態学』朝倉書店，東京．
Futuyma, D.J. and Gould, F. (1979) Associations of plants and insects in a deciduous forest. Ecological Monographs, 49: 33-50.
Gange, A.C. (2001) Species-specific responses of a root- and shoot-feeding insects to arbuscular mycorrhizal colonization of its host plant. New Phytologist, 150: 611-618.
Gange, A.C. and West, H.M. (1994) Interactions between arbuscular mycorrhizal fungi and foliar-feeding insects in *Plantago lanceolata* L. New Phytologist, 128: 79-87.
Gange, A.C., Bower, E. and Brown, V.K. (1999) Positive effects of an arbuscular mycorrhizal fungus on aphid life history traits. Oecologia, 120: 123-131.
Gange, A.C., Brown, V.K. and Aplin, D.M. (2003) Multitrophic links between arbuscular mycorrhizal fungi and insect parasitoids. Ecology Letters, 6: 1051-1055.
郷原匡史（2002）小笠原諸島のハナバチ相とその保全．『ハチとアリの自然史』（杉浦直人・伊藤文紀・前田泰生編）pp. 229-245 北海道大学図書刊行会，札幌．
Goulson, D. (2003) Effects of introduced bees on native ecosystems. Annual Review of Ecology, Evolution, and Systematics, 34: 1-26.
Goverde, M., van der Heijden, M.G.A. and Wiemken, A. (2000) Arbuscular mycorrhisal fungi influence life history traits of a lepidopteran herbivore. Oecologia, 125: 362-369.
Government of Japan (2002) Research plan for cetacean studies in the Western North Pacific under Special Permit (JARPN II). IWC Scientific Committee document, SC/54/O2.
Grimaldi, D. and Engel, M.S. (2005) Evolution of the Insects. Cambridge University Press, Cambridge, UK.

Grime, J.P. (1973) Control of species density in herbaceous vegetation. Journal of Environmental Management, 11: 151-167.

Gross, C.L. and Mackay, D. (1998) Honeybees reduce fitness in pioneer shrub *Melastoma affine* (Melastomataceae). Biological Conservation, 86: 169-178.

Guerrieri, E., Lingua, G., Digilio, M.C., Massa, N. and Berta, G. (2004) Do interactions between plant roots and the rhizosphere affect parasitoid behaviour. Ecological Entomology, 29: 753-756.

Hacker, S.D. and Gaines, S.D. (1997) Some implications of direct positive interactions for community species diversity. Ecology, 78: 1990-2003.

Hairston, N.G. and Hairston, N.G. (1993) Cause-effect relationships in energy flow, trophic structure, and interspecies interactions. American Naturalist, 142: 397-411.

Hairston, N.G., Smith, F.E. and Slobodkin, L.B. (1960) Community structure, population control and competition. American Naturalist, 94: 421-425.

長谷川雅美（1997）湾岸都市千葉市の両生類・爬虫類―谷津田の形状と開発頻度が生息種に与える影響．『湾岸都市の生態系と自然保護』（沼田眞監修・中村俊彦・長谷川雅美・藤原道郎編）pp. 505-521　信山社サイテック，東京．

長谷川雅美（2000）帰化動物が支える里山の野生動物．『里山を考える101のヒント』（日本林業技術協会編）pp. 130-131　東京書籍，東京．

畑賢治・可知直樹（2009）小笠原諸島における野生化ヤギ排除後の外来木本種ギンネムの侵入．地球環境, 14: 65-72.

端憲二（1998）水田灌漑システムの魚類生息への影響と今後の展望．農業土木学会誌, 66: 143-148.

端憲二（1999）小さな魚道による休耕田への魚類遡上実験．農業土木学会誌, 67: 19-24.

羽山伸一（2006）自然再生事業と再導入事業．『地域再生の環境学』（淡路剛久監修・寺西俊一・西村幸夫編）pp. 97-123　東京大学出版会，東京．

羽山伸一（2007）シカ問題と自然再生．『動物反乱と森の崩壊』（森林環境研究会編）pp. 38-46　森林文化協会，東京．

林光武（2007）水田で産卵する両生類の生態．『水田生態工学入門』（水谷正一編著）pp. 57-64　農文協，東京．

Helle, P. and Monkkonen, M. (1990) Forest successions and bird communities: theoretical aspects and practical implications. pp. 87-94, In Keast, A. (ed.) Biogeography and Ecology of Forest Bird Communities. SPB Academic, Hague, The Netherlands.

日鷹一雅（1990）群集構造から見た生物社会の比較．『自然・有機農法と害虫』（中筋房夫編）pp. 60-81　冬樹社，東京．

Hidaka, K. (1997) Community structure and regulatory mechanism of pest populations in rice paddies cultivated under intensive, traditionally organic and lower input organic farming in Japan. Biological Agriculture & Horticulture, 15 (Special issue: Entomological Research in Organic Agriculture) : 35-49.

日鷹一雅（1998）水田における生物多様性保全と環境修復型農法．日本生態学会誌, 48: 167-178.
日鷹一雅（2003）多様な生き物たちから見た水田生態系の再生：田んぼのタガメプロジェクトから．『自然再生事業 生物多様性の回復を目指して』（鷲谷いづみ・草刈秀紀編）pp. 60-91 築地書館, 東京.
東信行（2001）特集「魚道の評価」を読む．応用生態工学, 4: 87-90.
Hindayana, D., Meyhofer, R., Scholz, D. and Poehling, H.M. (2001) Intraguild predation among the Hoverfly *Episyrphus balteatus* de Geer (Diptera: Syrphidae) and other aphidophagous predators. Biological Control, 20: 236-246.
Hino, T. (1985) Relationships between bird community and habitat structure in shelterbelts of Hokkaido, Japan. Oecologia, 65: 442-448.
Hino, T. (2000) Bird community and vegetation structure in a forest with a high density of sika deer. Japanese Journal of Ornithology, 48:197-204.
日野輝明（2004）『鳥たちの森』東海大学出版会, 東京．
Hino, T. (2006) The impact of herbivory by deer on forest bird community in Japan. Acta Zoologica Sinica, 52: 684-686.
Hino T., Unno A. and Nakano S. (2002) Prey distribution and foraging preferences for tits. Ornithological Science, 1: 81-88.
日野輝明・古澤仁美・伊東宏樹・上田明良・高畑義啓・伊藤雅道（2003）大台ヶ原における生物間相互作用に基づく森林生態系管理．保全生態学研究, 8: 145-158.
日野輝明・古澤仁美・伊東宏樹・上田明良・高畑義啓・伊藤雅道（2006）シカによる適切な森づくり．『世界遺産をシカが喰う：シカと森の生態学』（湯本貴和・松田裕之編）pp. 125-146 文一総合出版, 東京.
Hirai, T. and Hidaka, K. (2002) Anuran-dependent predation by the giant water bug, *Lethocerus deyrollei* (Hemiptera: Belostomatidae), in rice fields of Japan. Ecological Research, 17: 655-661.
広瀬義躬（1984）導入天敵による害虫防除の戦略．植物防疫, 38: 251-257.
Holt, R.D. (1977) Predation, apparent competition, and the structure of prey communities. Theoretical Population Biology, 12: 197-229.
Holt, R.D. (1983) Optimal foraging and the form of predator isocline. American Naturalist, 122: 521-541.
Huston, M. (1994) Biological Diversity: The Coexistence of Species on Changing Landscapes. Cambridge University Press, Cambridge, UK.
Huston, M.A. (1979) A general hypothesis of species diversity. American Naturalist, 113: 81-101.
市河三英（1992）植生の現状およびヤギによる影響の評価．『小笠原諸島における山羊の異常繁殖による動植物への被害実態調査』（財団法人日本野生生物研究センター）pp. 51-83 財団法人日本野生生物研究センター, 東京.
池田啓（2000）コウノトリの野生復帰をめざして．科学, 70: 569-578.

池田啓（2005）コウノトリ：野生復帰の発想から40年目の放鳥．自然保護，488: 10-11.

犬伏和之（2003）微生物から見た土壌という環境．『土壌微生物生態学』（堀越孝雄・二井一禎編）pp. 10-19　朝倉書店，東京．

石田仁（2003）富山県におけるブナ林の分布と動態．数理統計，51: 59-72.

石上智生・鈴木和次郎（2007）モザイク林管理．『主張する森林施業論』（森林管理研究会編）pp. 188-196　日本林業調査会，東京．

石上智生・伊藤哲・西脇亜也（2003）若齢人工林における林内放牧が植物種多様性に与える影響．日本林学会大会講演要旨集，114: 427.

磯崎博司・羽山伸一（2005）欧州における生態系の保全と再生：制度と再導入事業．環境と公害，34(4): 15-20.

Ito, H. and Hino, T. (2004) Effects of deer, mice and dwarf bamboos on the emergence, survival and growth of *Abies homolepis* (Piceaceae) seedlings. Ecological Research, 19: 217-224.

Ito, H. and Hino, T. (2005) How do deer affect tree seedlings on a dwarf bamboo dominated forest floor? Ecological Research, 20: 121-128.

Ito, H. and Hino, T. (2007) Dwarf bamboo as an ecological filter for forest regeneration. Ecological Research, 22: 706-711.

伊藤雅道（2009）シカによるササの採食が土壌動物群集に及ぼす影響．『大台ヶ原の自然史：森の中のシカをめぐる生物間相互作用』pp. 208-214（柴田叡弌・日野輝明編）東海大学出版会，東京．

伊藤哲・光田靖（2007）機能区分と適正配置．『主張する森林施業論』（森林施業研究会編）pp. 62-71　日本林業調査会，東京．

伊藤哲・藤井奈津子・西脇亜也・光田靖（2005）数値地図50mメッシュ（標高）を用いた地形解析に基づく林畜複合生産システムの適地選定手法：宮崎県諸塚村を事例として．日本景観生態学会誌，10: 37-44.

伊藤嘉昭（1980）『虫を放して虫を滅ぼす：沖縄・ウリミバエ根絶作戦私記』中央公論社，東京．

伊藤嘉昭（2008）『不妊虫放飼法，侵入害虫根絶の技術』海游舎，東京．

Ives, A.R. and Cardinale, B.J. (2004) Food-web interactions govern the resistance of communities after non-random extinctions. Nature, 429: 174-177.

IUCN日本委員会（2001）世界の外来侵入種ワースト100. http://www.iucn.jp/protection/species/worst100.html.

IUCN/SSC Mollusc Specialist Group (1995) Pacific island land snail page. Tentacle 5: 12-13. http://www.hawaii.edu/cowielab/Tentacle.htm

岩渕成紀（2006）ラムサール条約登録湿地「蕪栗沼・周辺水田」のふゆみずたんぼ．『地域と環境が蘇る水田再生』（鷲谷いづみ編）pp. 70-103　家の光協会，東京．

Iwahori, H. Tsuda, K. Kanzaki, N. Izui and K. Futai, K.（1998）PCR-RFLP and sequencing analysis of ribosomal DNA of *Bursaphelenchus* nematodes related to pine wilt disease. Fundamental and Applied Nematology, 21: 656-666.

巌俊一・桐谷圭治（1973）害虫の総合防除とは．『総合防除』（深谷昌次・桐谷圭治編）pp. 29-38. 講談社，東京．
巌佐庸・松本忠夫・菊沢喜八郎・日本生態学会編（2003）『生態学事典』共立出版，東京．
岩田明久（2006）アユモドキの生存条件について水田農業の持つ意味．保全生態学研究，11: 133-141.
岩田進午（1995）『土は生命の源』創森社，東京．
岩槻邦男（1990）『日本絶滅危惧植物』海鳴社，東京．
IWC (2003) Report of the Sub-Committee on the comprehensive assessment of whale stocks: in depth assessments. Journal of Cetacean Research and Management, 5. Suppl. : 248-292.
軸丸祥大（1996）カラフトヒゲナガカミキリの個体群動態とニセマツノザイセンチュウの伝播に関する研究．広島大学博士論文．
Jones, J.B. (1992) Environmental impact of trawling on the seabed: a review. New Zealand Journal of Marine and Freshwater Research, 26: 59-67.
梶田幸江（2002）2種大型テントウムシがアブラムシとその捕食性節足動物群集に及ぼす影響．山形大学大学院農学研究科修士論文．
金澤一郎・大垣眞一郎・鈴村興太郎 他（2009）新春座談会「社会のための科学」（Science for Society）と「科学のための科学」（Science for Science）．学術の動向，14: 9-26
金子繁・佐橋憲生（1998）『ブナ林をはぐくむ菌類』文一総合出版，東京．
環境庁野生生物課編（2000）『改訂・日本の絶滅のおそれのある野生生物8 ［植物Ⅰ（維管束植物）］』自然環境研究センター，東京．
環境省（2002）『新生物多様性国家戦略 自然の保全と再生のための基本計画』環境省．
環境省（2007）『第三次生物多様性国家戦略』環境省．
環境省近畿地方環境事務所（2005）『大台ヶ原自然再生推進計画』環境省近畿地方環境事務所，大阪．
環境省近畿地方環境事務所（2007）『大台ヶ原ニホンジカ保護管理計画：第2期』環境省近畿地方環境事務所，大阪．
環境省自然保護局編（2004）『日本の植生Ⅱ』自然環境研究センター，東京．
環境省野生生物課編（2003）『改訂・日本の絶滅のおそれのある野生生物4 ［汽水・淡水魚類］』自然環境研究センター，東京．
神崎菜摘（2008）マツノザイセンチュウ以外の *Bursaphelenchus* 属樹木病原線虫：病原性とリスク評価．森林防疫，57: 75-86.
苅部治紀（2002）食い尽くされる固有昆虫たち：外来種グリーンアノールの脅威．『外来種ハンドブック』（日本生態学会編）p. 241 地人書館，東京．
苅部治紀・須田真一（2004）グリーンアノールによる小笠原の在来昆虫への影響：小笠原における昆虫相の変遷：海洋島の生態系に対する人為的影響．神奈川県立生命の星・地球博物館年報，10: 21-30.
Kasamatsu, F. and Tanaka, S. (1992) Annual changes in prey species of minke whales taken off Japan 1948-1987. Nippon Suisan Gakkaishi, 58: 637-651.

笠松不二男 (2000)『クジラの生態』恒星社厚生閣, 東京.

Katsukawa, T. and Matsuda, H. (2003) Simulated effects of target switching on yield and sustainability of fish stocks. Fisheries Research, 60: 515-525.

Katano, O., Aonuma, Y., Nakamura, T. and Yamamoto, S. (2003) Indirect contramensalism through tropic cascades between two omnivrous fishes. Ecology, 84: 1311-1323.

Kato, H., Hata, K., Yamamoto, H. and Yoshioka, T. (2006) Effectiveness of the weed risk assessment system for the Bonin Islands. pp. 65-72. In Koike, F., Clout, M. N., Kawamichi, M., De Poorter, M and Iwatsuki, K. (eds.), Assessment and Control of Biological Invasion Risks. IUCN, Gland, Switzerland and Cambridge, UK, and Shoukadoh Book Seller, Kyoto.

Kato, M. (1992) Endangered bee fauna and its floral hosts in the Ogasawara Islands. Japanese Journal of Entomology, 60: 487-494.

Kato, M. (1999) Impact of introduced honeybees, *Apis mellifera*, upon native bees communities in the Bonin (Ogasawara) Islands. Researches on Population Ecology, 41: 217-228.

Kawakami, K. (2008) Threats to indigenous biota from introduced species on the Bonin Islands, southern Japan. Journal of Disaster Research, 3: 174-186.

Keane, R. and Crawley, M. (2002) Exotic plant invasions and the enemy release hypothesis. Trends in Ecology and Evolution, 17: 164-171.

Kennedy, T., Naeem, S., Howe, K., Knops, J., Tilman, D. and Reichs, P. (2002) Biodiversity as a barrier to ecological invasion. Nature, 417: 636-638.

Kenta, T., Inari, N., Nagamitus, T., Goka, T. and Hiura, T. (2007) Commercialized European bumblebee can cause pollination disturbance: an experiment on seven native plant species in Japan. Biological Conservation, 134: 298-309.

Kessler, A. and Baldwin, I.T. (2001) Defensive function of herbivore-induced plant volatile emissions in nature. Science, 291: 2141-2144.

菊池淳一・小川眞 (1990) 共生微生物を利用したフタバガキ科の育苗. 熱帯林業, 38: 36-48.

菊地直樹・池田啓 (2002) コウノトリの野生復帰とその課題. 環境と公害, 31: 10-16.

菊地直樹・池田啓 (2005)『台風23号の水害をふりかえる』兵庫県立大学自然・環境科学研究所田園生態研究部/兵庫県立コウノトリの郷公園, 豊岡.

菊池ゆり子・丸山直樹・三浦慎吾・福島成樹 (1984) 大台ヶ原のニホンジカ餌植物としてのミヤコザサ. 『大台ヶ原原生林における植生変化の実態と保護管理手法に関する調査報告書』pp. 47-48 奈良自然環境研究会, 奈良.

桐谷圭治 (2002) ギンネムキジラミ. 『外来種ハンドブック』(日本生態学会編) p. 146 地人書館, 東京.

桐谷圭治 (2004)『「ただの虫」を無視しない農業』築地書館, 東京.

桐谷圭治・中筋房夫 (1973) 野菜, 畑作物. 『総合防除』(深谷昌次・桐谷圭治編) pp. 283-309 講談社, 東京.

岸洋一 (1978) 茨城県下のザイセンチュウ類によるマツ枯損, 特にニセマツノザイセンチュ

巌俊一・桐谷圭治（1973）害虫の総合防除とは．『総合防除』（深谷昌次・桐谷圭治編）pp. 29-38．講談社，東京．

巌佐庸・松本忠夫・菊沢喜八郎・日本生態学会編（2003）『生態学事典』共立出版，東京．

岩田明久（2006）アユモドキの生存条件について水田農業の持つ意味．保全生態学研究，11: 133-141．

岩田進午（1995）『土は生命の源』創森社，東京．

岩槻邦男（1990）『日本絶滅危惧植物』海鳴社，東京．

IWC (2003) Report of the Sub-Committee on the comprehensive assessment of whale stocks: in depth assessments. Journal of Cetacean Research and Management, 5. Suppl. : 248-292.

軸丸祥大（1996）カラフトヒゲナガカミキリの個体群動態とニセマツノザイセンチュウの伝播に関する研究．広島大学博士論文．

Jones, J.B. (1992) Environmental impact of trawling on the seabed: a review. New Zealand Journal of Marine and Freshwater Research, 26: 59-67.

梶田幸江（2002）2種大型テントウムシがアブラムシとその捕食性節足動物群集に及ぼす影響．山形大学大学院農学研究科修士論文．

金澤一郎・大垣眞一郎・鈴村興太郎 他（2009）新春座談会「社会のための科学」（Science for Society）と「科学のための科学」（Science for Science）．学術の動向，14: 9-26

金子繁・佐橋憲生（1998）『ブナ林をはぐくむ菌類』文一総合出版，東京．

環境庁野生生物課編（2000）『改訂・日本の絶滅のおそれのある野生生物8 ［植物I（維管束植物）］』自然環境研究センター，東京．

環境省（2002）『新生物多様性国家戦略 自然の保全と再生のための基本計画』環境省．

環境省（2007）『第三次生物多様性国家戦略』環境省．

環境省近畿地方環境事務所（2005）『大台ヶ原自然再生推進計画』環境省近畿地方環境事務所，大阪．

環境省近畿地方環境事務所（2007）『大台ヶ原ニホンジカ保護管理計画：第2期』環境省近畿地方環境事務所，大阪．

環境省自然保護局編（2004）『日本の植生II』自然環境研究センター，東京．

環境省野生生物課編（2003）『改訂・日本の絶滅のおそれのある野生生物4 ［汽水・淡水魚類］』自然環境研究センター，東京．

神崎菜摘（2008） マツノザイセンチュウ以外の *Bursaphelenchus* 属樹木病原線虫：病原性とリスク評価．森林防疫，57: 75-86.

苅部治紀（2002）食い尽くされる固有昆虫たち：外来種グリーンアノールの脅威．『外来種ハンドブック』（日本生態学会編）p. 241 地人書館，東京．

苅部治紀・須田真一（2004）グリーンアノールによる小笠原の在来昆虫への影響：小笠原における昆虫相の変遷：海洋島の生態系に対する人為的影響．神奈川県立生命の星・地球博物館年報，10: 21-30.

Kasamatsu, F. and Tanaka, S. (1992) Annual changes in prey species of minke whales taken off Japan 1948-1987. Nippon Suisan Gakkaishi, 58: 637-651.

笠松不二男（2000）『クジラの生態』恒星社厚生閣，東京．

Katsukawa, T. and Matsuda, H. (2003) Simulated effects of target switching on yield and sustainability of fish stocks. Fisheries Research, 60: 515-525.

Katano, O., Aonuma, Y., Nakamura, T. and Yamamoto, S. (2003) Indirect contramensalism through tropic cascades between two omnivrous fishes. Ecology, 84: 1311-1323.

Kato, H., Hata, K., Yamamoto, H. and Yoshioka, T. (2006) Effectiveness of the weed risk assessment system for the Bonin Islands. pp. 65-72. In Koike, F., Clout, M. N., Kawamichi, M., De Poorter, M and Iwatsuki, K. (eds.), Assessment and Control of Biological Invasion Risks. IUCN, Gland, Switzerland and Cambridge, UK, and Shoukadoh Book Seller, Kyoto.

Kato, M. (1992) Endangered bee fauna and its floral hosts in the Ogasawara Islands. Japanese Journal of Entomology, 60: 487-494.

Kato, M. (1999) Impact of introduced honeybees, *Apis mellifera*, upon native bees communities in the Bonin (Ogasawara) Islands. Researches on Population Ecology, 41: 217-228.

Kawakami, K. (2008) Threats to indigenous biota from introduced species on the Bonin Islands, southern Japan. Journal of Disaster Research, 3: 174-186.

Keane, R. and Crawley, M. (2002) Exotic plant invasions and the enemy release hypothesis. Trends in Ecology and Evolution, 17: 164-171.

Kennedy, T., Naeem, S., Howe, K., Knops, J., Tilman, D. and Reichs, P. (2002) Biodiversity as a barrier to ecological invasion. Nature, 417: 636-638.

Kenta, T., Inari, N., Nagamitus, T., Goka, T. and Hiura, T. (2007) Commercialized European bumblebee can cause pollination disturbance: an experiment on seven native plant species in Japan. Biological Conservation, 134: 298-309.

Kessler, A. and Baldwin, I.T. (2001) Defensive function of herbivore-induced plant volatile emissions in nature. Science, 291: 2141-2144.

菊池淳一・小川眞（1990）共生微生物を利用したフタバガキ科の育苗．熱帯林業，38: 36-48．

菊地直樹・池田啓（2002）コウノトリの野生復帰とその課題．環境と公害，31: 10-16．

菊地直樹・池田啓（2005）『台風23号の水害をふりかえる』兵庫県立大学自然・環境科学研究所田園生態研究部／兵庫県立コウノトリの郷公園，豊岡．

菊池ゆり子・丸山直樹・三浦慎吾・福島成樹（1984）大台ヶ原のニホンジカ餌植物としてのミヤコザサ．『大台ヶ原原生林における植生変化の実態と保護管理手法に関する調査報告書』pp. 47-48　奈良自然環境研究会，奈良．

桐谷圭治（2002）ギンネムキジラミ．『外来種ハンドブック』（日本生態学会編）　p. 146　地人書館，東京．

桐谷圭治（2004）『「ただの虫」を無視しない農業』築地書館，東京．

桐谷圭治・中筋房夫（1973）野菜，畑作物．『総合防除』（深谷昌次・桐谷圭治編）pp. 283-309　講談社，東京．

岸洋一（1978）茨城県下のザイセンチュウ類によるマツ枯損，特にニセマツノザイセンチュ

ウとの関係.89回日林論,281-282.
岸洋一(1988)『マツ材線虫病 – 松くい虫 – 精説』トーマス・カンパニー,東京.
鬼頭秀一(2005)「自然再生」の理念を問う:地域再生の「見通し」を合意するために.『自然環境の再生の可能性』(菊地直樹・池田啓編)pp. 16-27 兵庫県立大学自然・環境科学研究所田園生態研究部/兵庫県立コウノトリの郷公園,豊岡.
小林正秀・上田明良(2005)カシノナガキクイムシとその共生菌が関与するブナ科樹木の萎凋枯死:被害発生要因の解明を目指して.日本林学会誌,85: 435-450.
Koh, L.P., Dunn, R.R., Sodhi, N.S., Colwell, R.K., Proctor, H.C. and Smith, V.S. (2004) Species co-extinctions and the biodiversity crisis. Science, 305: 1632-1634.
国土交通省近畿地方整備局・兵庫県(2005)円山川自然再生計画書.http://www.kkr.mlit.go.jp/toyooka/saisei/keikaku.pdf
国連ミレニアム(2007)『エコシステム評価 生態系サービスと人類の将来』(横浜国立大学21世紀COE翻訳委員会訳)オーム社,東京.[原著2005年]
Kondoh, M. (2001) Unifying the relationships of species richness to productivity and disturbance. Proceedings of the Royal Society B, 268: 269-271.
Kondoh, M. (2003) Foraging adaptation and the relationship between food-web complexity and stability. Science, 299: 1388-1391.
Koss, A.M. and Snyder, W.E. (2005) Alternative prey disrupt biocontrol by a guild of generalist predators. Biological Control, 32: 243-251.
Kotaka, N., and Masuoka, S. (2002) Secondary users of Great-spotted Woodpecker (*Dendrocpos major*) nest cavities in urban and suburban forests in Sapporo city, northern Japan. Ornithological Science, 1: 117-122.
コウノトリ野生復帰推進協議会(2003)『コウノトリ野生復帰推進計画』コウノトリ野生復帰推進協議会,豊岡.
櫛渕康平(2006)ムクゲ上のナミテントウが下位のアブラムシ捕食者の個体数に及ぼす影響.山形大学大学院農学研究科修士論文.
Kutiel, P. and Danin, A. (1987) Annual-species diversity and aboveground phytomass in relation to some soil properties in the sand dunes of the northern Sharon Plains, Israel. Vegetatio. 70: 45-49.
Lanes, S.J. and Fujioka, M. (1998) The impact of changes in irrigation practices on the distribution of foraging egrets and herons (Ardeidae) in the rice fields of central Japan. Biological Conservation, 83: 221-230.
Langellotto, G.A. and Denno, R.F. (2004) Responses of invertebrate natural enemies to complex-structured habitats: a meta-analytical synthesis. Oecologia, 139: 1-10.
Losey, J.E. and Denno, R.F. (1998) Positive predator-predator interactions: enhanced predation rates and synergistic suppression of aphid populations. Ecology, 79: 2143-2152.
Lucas, E., Coderre, D. and Brodeur, J. (1998) Intraguild predation among aphid predators: characteristics and influence of extraguild prey density. Ecology, 79: 1084-1092.

Lundberg, P., Ranta, E. and Kaqitala, V. (2006) Species loss leads to community closure. Ecology Letters, 3: 465-468.

MacArthur, R.H. (1955) Fluctuations of animal populations and a measure of community stability. Ecology, 26: 533-536.

MacArthur, R.H. (1958) Population ecology of some warblers of northeastern coniferous forest. Ecology, 39: 599-619.

MacArthur, R.H. and MacArthur, J. (1961) On bird species diversity. Ecology, 42: 594-598.

MacArthur R.H. and Wilson E.O. (1967) The Theory of Island Biogeography. Princeton University Press, Princeton, USA.

槙原寛（1997）媒介昆虫の種類と生活史．『松くい虫（マツ材線虫病）：沿革と最近の研究』（全国森林病虫獣害防除協会編） pp. 44-63　全国森林病虫獣害防除協会，東京．

槙原寛・北島博・後藤秀章・加藤徹・牧野俊一（2004）グリーンアノールが小笠原諸島の昆虫相，特にカミキリムシ相に与えた影響：昆虫の採集記録と捕食実験からの評価．森林総合研究所研究報告，3: 165-183.

牧野俊一（2008）森林タイプ・林齢と生物多様性との関係．『林業地域における生物多様性保全技術』（大河内勇編） pp. 17-34　林業科学技術振興所，東京．

Mamiya, Y. (1983). Pathology of the pine wilt disease caused by *Bursaphelenchus xylophilus*. Annual Review of Phytopathology, 21: 201-220.

Marino, P.C. and Landis, D.A. (1996) Effect of landscape structure on parasitoid diversity and parasitism in agroecosystems. Ecological Applications, 6: 276-284.

Marquis, R.J. and Whelan, C.J. (1996) Plant morphology and recruitment of the third trophic level: subtle and little-recognized defenses. Oikos, 75: 330-334.

Martin, T.E. (1988) Habitat and area effects on forest bird assemblages: is nest predation an influence? Ecology, 79: 74-84.

Martinez, N.D. (1991) Artifacts or attributes? Effects of resolution on the Little Rock Lake food web. Ecological Monograph, 61: 367-392.

丸山直樹・治田則男・星野義延・三浦慎吾・朝日稔（1984）ニホンジカ・ニホンツキノワグマが大台ヶ原の森林に及ぼす影響．『大台ヶ原原生林における植生変化の実態と保護管理手法に関する調査報告書』pp. 39-46　奈良自然環境研究会，奈良．

Matsuda, H. and Abrams, P.A. (2006) Maximal yields from multi-species fisheries systems: rules for systems with multiple trophic levels. Ecological Applications, 16: 225-237.

Matsuda, H. and Katsukawa, T. (2002) Fisheries management based on ecosystem dynamics and feedback control. Fisheries Oceanography, 11: 366-370.

松田裕之（2000）『環境生態学序説』共立出版，東京．

松田裕之（2004）『ゼロからわかる生態学』共立出版，東京．

松田裕之（2006）鯨類とその餌生物である魚類との関係．『海の利用と保全：野生生物との共存を目指して』（宮崎信之・青木一郎編） pp. 202-223　サイエンティスト社，東京．

松本光朗・本田健二郎・黒木重郎（1998）九州阿蘇・九重地方におけるクヌギ混牧林に関

する研究．森林総研研報，375: 1-59.
Matsuoka, K., Hakamada, T., Kiwada, H., Murase, H. and Nishiwaki, S. (2005) Abundance increases of large baleen whales in the Antarctic based on the sighting survey during Japanese Whaling Research Program (JARPA). Global Environmental Research, 9: 105-115.
May, R.M. (1972) Will a large complex system be stable? Nature, 238: 413-414.
McCann, K.S. (2000) The diversity-stability debate. Nature, 405: 228-233.
McCann, K., Hastings, A. and Huxel, G.R. (1998) Weak trophic interactions and the balance of nature. Nature, 395: 794-798.
McClanahan, T.R. and Muthiga, N.A. (1988) Changes in Kenyan coral reef community structure and function due to exploitation. Hydrobiologia, 166: 269-276.
McComb, W. and Lindenmayer, D. (1999) Dying, dead, and down trees. pp. 335-372 In Hunter, Jr., M.L. (ed.), Maintaining Biodiversity in Forest Ecosystems. Cambridge University Press, Cambridge, UK.
Melián, C.J. and Bascompte, J. (2002) Complex networks: two ways to be robust? Ecology Letters, 5: 705-708.
Menalled, F.B., Marino, P.C., Gage, S.H. and Landis, D.A. (1999) Does agricultural landscape structure affect parasitism and parasitoid diversity? Ecological Applications, 9: 634-641.
三橋弘宗・鎌田磨人（2006）野生生物の生息・生育適地推定と保全計画：特集を企画するにあたって．応用生態工学，8: 215-219.
Molvar, E.M., Bowyer, R.T. and Ballenberghe, V. (1997) Moose herbivory, browse quality and nutrient cycling in an Alaskan treeline community. Oecologia, 94: 472-479.
Montoya, J.M. and Solé, R.V. (2002) Small world patterns in food webs. Journal of Theoretical Biology, 214: 405-412.
Montoya, J.M., Emmerson, M.E. and Woodward, G. (2005) Indirect effects in complex food webs. pp. 369-380. In De Ruiter, P.C., Wolters, V., Moore, J.C. (eds.), Dynamic Food Webs: Multispecies Assemblages, Ecosystem Development, and Environmental Change, Academic Press, Amsterdam, The Netherlands.
Mora, C, Andréfouët S, Costello MJ, Kranenburg C, Rollo, A., Veron J, Gaston KJ, Myers RA (2006) Conservation of coral reefs by a global network of marine protected areas. Science, 312: 1750-1751.
Morales, C. and Aizen, M.A. (2006) Invasive mutualisms and the structure of plant-pollinator interactions in the temperate forests of north west Patagonia, Argentina. Journal of Ecology, 95: 171-180.
Moran, M.D. and Hurd, L.E. (1994) Short-term responses to elevated predator densities: noncompetitive intraguild interactions and behavior. Oecologia, 98: 269-273.
森章（2007）生態系を重視した森林管理：カナダ・ブリティッシュコロンビア州における自然攪乱研究の果たす役割．保全生態学研究，12: 45-59.
森一生・高橋昌隆（1997）ニホンジカの生息動態と森林被害防除に関する調査（第3報）．

徳島県林業総合技術センター研究報告，13: 15-18.

Mori, M. and Butterworth, D.S. (2006) A first step towards modeling the krill-predator dynamics of the Antarctic ecosystem. CCAMLR Science, 13: 217-277.

森誠一（2000）必要な魚道，不要な魚道．応用生態工学，3: 235-241.

守屋和幸・吉村哲彦・北川政幸・小山田正幸・杉本安寛（2003）GPS測位記録を利用したスギ（*Cryptomeria japonica* D. Don）幼齢林内における放牧牛の行動．日本畜産学会報，74: 229-234.

守山弘（2000）耕地生態系と生物多様性．『農山漁村と生物多様性』（宇田川武敏編）pp. 34-65 家の光協会，東京.

Müller, C.B. and Godfray, H.C.J. (1997) Apparent competition between two aphid species. Journal of Animal Ecology, 66: 57-64.

Naeem, S., Knops, J., Tilman, D., Howe, K. and Gale, S. (2000) Plant diversity increases resistance to invasion in the absence of covarying extrinsic factors. Oikos, 91: 97-108

永井一哉（1994）『ミナミキロアザミウマ：おもしろ生態とかしこい防ぎ方』農山漁村文化協会，東京.

長坂有（2007）水辺林の保全・再生．『主張する森林施業論』（森林管理研究会編）pp. 332-339 日本林業調査会，東京.

内藤和明・池田啓（2001）コウノトリの郷を創る：野生復帰のための環境整備．ランドスケープ研究，64: 318-321.

内藤和明・池田啓（2002）コウノトリの野生復帰に地理情報システムを活用する．GIS Japan，2: 111-116.

内藤和明・池田啓（2004）自然と共生する農業　コウノトリを支える農業．農業と経済，70(1): 70-78.

Naito, K. and Ikeda, H. (2008) Habitat restoration for the reintroduction of Oriental White Storks. Global Environmental Research, 11: 217-221.

Naito, K., Ohsako, Y., Kikuchi, N. and Ikeda, H. (2002) Landscape assessment for the restoration of a favourable habitat for the oriental white stork in Japan: the reintroduction project. Bulletin of the Hyogo Prefectural Awaji Landscape Planning & Horticulture Academy, 2: 196-201.

内藤和明・大迫義人・池田啓（2005）田園：コウノトリの野生復帰と田園の自然再生．『自然再生：生態工学的アプローチ』（亀山章・倉本宣・日置佳之編）pp. 112-123　ソフトサイエンス社，東京.

中島拓・江崎保男・中上喜史・大迫義人（2006）水田と河川，コウノトリ野生復帰地での餌場の相対的価値：豊岡盆地に生息するサギ類を指標として．保全生態学研究，11: 35-42.

Nakano, S. and Murakami, M. (2001) Reciprocal subsidies: dynamic interdependence between terrestrial and aquatic food webs. Proceedings of the National Academy of Sciences of the United States of America, 998: 166-170.

中静透（2004）『森のスケッチ』東海大学出版会，東京.

中筋房夫（1997）『総合的害虫管理』養賢堂，東京．
中筋房夫・山中久明・桐谷圭治（1973）捕食性天敵とクロルフェナミジン剤の超低濃度散布によるハスモンヨトウの防除．日本応用動物昆虫学会誌，17: 171-180．
中谷至伸・石井実（2002）農薬施用の異なる水田の畦畔におけるカメムシ群集の多様性．日本応用動物昆虫学会誌，46: 92-96．
成末雅恵・内田博（1993）土地改良とサギ類の退行．Strix, 12: 121-130．
日本学術会議（2003）『新しい学術体系：社会のための学術と文理の融合』新しい学術体系委員会報告書　http://www.scj.go.jp/ja/info/kohyo/18youshi/1829.html
日本学術会議（2007）『提言：知の統合 ── 社会のための科学に向けて ── 』科学者コミュニティーと知の統合委員会報告書　http://www.scj.go.jp/ja/info/iinkai/togo/index.html
日本生態学会編（2002）『外来種ハンドブック』地人書院，東京
日本生態学会生態系管理専門委員会（2005）自然再生事業指針．保全生態学研究，10: 63-75．
社団法人日本森林技術協会（2006）『平成16年度小笠原地域自然再生推進計画調査（その1）業務報告書』環境省自然保護局南関東地区自然保護事務所，神奈川県箱根町．
西村いつき（2006）コウノトリを育む農業．『地域と生態系が蘇る水田再生』（鷲谷いづみ編）pp. 125-146　家の光協会，東京．
西脇亜也（2001）諸塚村の林畜複合生産システムについて：「モーモー育林」は有望な森林施業技術か？　宮崎大学学内合同研究「森と人と文化」研究成果報告書，23-29．
Nomiya, H., Suzuki, W., Kanazaki, T., Shibata, M., Tanaka, H. and Nakashizuka, T. (2002) The response of forest floor vegetation and tree regeneration to deer exclusion and disturbance in riparian deciduous forest, central Japan. Plant Ecology, 164: 263-276.
農林水産技術会議事務局・森林総合研究所・農業生物系特定産業技術研究機構（2003）『農林業における野生獣類の被害対策基礎知識：シカ，サル，そしてイノシシ』農林水産技術会議事務局，東京．
大場孝裕（2007）立枯れ木・倒木管理．『主張する森林施業論』（森林管理研究会編）pp. 229-239　日本林業調査会，東京．
小川眞（1996）ナラ類の枯死と酸性雪．環境技術，25: 603-611．
小川眞（2007）『炭と菌根でよみがえるマツ』築地書館，東京．
大串隆之（1993）送粉系と植食系．『花に引き寄せられる動物』（井上民二・加藤真編）pp. 233-251　平凡社，東京．
Ohgushi, T. (2005) Indirect interaction webs: herbivore-induced effects through trait change in plants. Annual review of Ecology, Evolution and Systematics, 36: 81-105.
Ohgushi, T. (2007) Nontrophic, indirect intersction webs of herbivorous insects. pp. 221-245. In Ohgushi, T., Craig, T.P. and Price, P.W. (eds.), Ecological Communities. Cambridge University Press, Cambridge, UK.
大泰司紀之・本間浩昭（1998）『エゾシカを食卓へ：ヨーロッパに学ぶシカ類の有効活用』丸善プラネット，東京．

沖森泰行（2001）熱帯雨林の修復・再生研究：インドネシアでの低地フタバガキ林の修復・再生プロジェクト．日本熱帯生態学会ニューズレター，45: 1-10.

Okochi, I., Yoshimura, M., Abe, T. and Suzuki, H. (2006) High population densities of an exotic lizard, *Anolis carolinensis* and its possible role as a pollinator in the Ogasawara Islands. Bulletin of FFPRI, 5: 265-269.

Olesen, J.M., Eskilden, L.I. and Venkatasamy, S. (2002) Invasion of pollination networks on oceanic islands: importance of invader complexes and endemic super generalists. Diversity and Distributions, 8: 181-192.

Onda, C., Imai, S. and Ishii, T. (1983) A new echinostome trematode, *Patagifer toki* sp. n., form the Japanese crested ibis, *Nipponica nippon*. Japanese Journal of Parasitology, 32: 177-182.

Opitz, S. (1996) Trophic Interactions in Caribbean Coral Reefs, International Center for Living Aquatic Resources Management Technical Reports, Vol. 43, International Center for Living Aquatic Resources Management, Makati City, Philippines.

Pacala, S.W. and Crawley, M.J. (1992) Hervivores and plant diversity. American Naturalist, 140: 243-260.

Paine, R. (1966) Food web complexity and species diversity. American Naturalist, 100: 65-75.

Paini, D.R. (2004) Impact of the introduced honey bee (*Apis mellifera*) (Hymenoptera: Apidae) on native bees: a review. Austral Ecology, 29: 399-407.

Paini, D.R. and Roberts, J.D. (2005) Commercial honey bees (*Apis mellifera*) reduce the fecundity of an Australian native bee (*Hylaeus alcyoneus*). Biological Conservation, 123: 103-112.

Palik, B. and Engstrom, R.T. (1999) Species composition. pp. 65-94 In Hunter, Jr., M.L. (ed.), Maintaining Biodiversity in Forest Ecosystems. Cambridge University Press, Cambridge, UK.

Park, C., Hino, T. and Ito, H. (in press) Prey availability determined by foliage structure and selection of prey size by canopy-dwelling birds between two oak species *(Quercus serrata* and *Q. variabilis*). Ecological Research.

Paton, D.C. (1996) Impact of honeybees on the flora and fauna of *Banksia heathlands* in Ngarkat Conservations Park. SASTA Journal 95: 3-11 (cited in Goulson 2003).

Pimentel, D. (1961) Species diversity and insect population outbreaks. Annals of Entomological Society of America, 54: 76-86.

Pimm, S.L. (1980) Food web design and the effect of species deletion. Oikos, 35: 139-149.

Piroux, M. and Mazumuder, A. (1998) Reversal of grazing impact on plant species richness in nutrient-poor vs. nutrient-rich ecosystems. Ecology, 79: 2581-2592.

Plagányi, É.E. (2007) Models for an ecosystem approach to fisheries. FAO Fisheries Technical Paper, No. 477. FAO, Rome, Italy.

Polis, G.A. (1991) Complex trophic interactions in deserts: an empirical critique of food web theory. American Naturalist, 138: 123-155.

Polis, G.A., Myers, C.A. and Holt, R. (1989) The evolution and ecology of intraguild predation: competitors that eat each other. Annual Review of Ecology Evolution and Systematics, 20:

297-330.

Polovina, J.J. (1984) Model of a coral reef ecosystem I. The ECOPATH model and its application to French Frigate Shoals. Coral Reefs, 3: 1-11.

Pullin, S.A. (2002) Conservation Biology. Cambridge University Press, Cambridge, UK.

Punt, A.E. and Butterworth, D.S. (1995) The effects of future consumption by the Cape fur seal on catches and catch rates of the Cape hakes. 4. Modelling the biological interaction between Cape fur seals (*Arctocephalus pusillus pusillus*) and Cape hakes (*Merluccius capensis and M. paradoxus*). South African Journal of Marine Science, 16: 255-285.

Purvis, A. and Hector, A. (2000) Getting the measure of biodiversity. Nature, 405: 212-219.

Putman, R.J., Edwards, P.J., Mann, J.E.E., Howe, R.C. and Hills, S.D. (1989) Vegetational and faunal change in an area of heavily grazed woodland following relief from grazing. Biological Conservation, 47: 13-32.

Rice J., Anderson B.W. and Ohmart R.D. (1984) Comparison of the importance of different habitat attributes to avian community organization. Wildlife Management, 48: 895-911.

Ricklefs, R.E. and Schluter, D. (1993) Species Diversity in Ecological Communities: Historical and Geographical Perspectives. University of Chicago Press, Chicago, USA.

林野庁（2006）『森林・林業白書：平成18年度版』日本林業協会，東京．

Root, R.B. (1973) Organization of a plant-arthropod association in simple and diverse habitats: the fauna of collards (*Brassica oleracea*). Ecological Monographs, 43: 95-124.

Rosenheim, J.A. (2001) Source-sink dynamics for a generalist insect predator in habitats with strong higher-order predation. Ecological Monographs, 71: 93-116.

Rosenheim, J.A., Wilholt L.R. and Armer, C.A. (1993) Influence of intraguild predation among generalist Insect predators on the suppression of an herbivore population. Oecologia, 96: 439-449.

Rosenheim, J.A., Limburg, D.D. and Colfer, R.G. (1999) Impact of generalist predators on a biological control agent, *Chrysoperla carnea*: direct observations. Ecological Applications, 9: 409-417.

Rosenzweig, M.L. and Abramsky, Z. (1993) How are diversity and productivity related? pp. 52-65. In Ricklefs, R.E., and Schluter, D. (eds.), Species Diversity in Ecological Communities: Historical and Geographical Perspectives. University of Chicago Press, Chicago, USA.

斉藤憲治・片野修・小泉顕雄（1988）淡水魚の水田周辺における一時的水域への侵入と産卵．日本生態学会誌，38: 35-47.

斎藤雅典（1998）菌根の種類．『根の事典』（根の事典編集委員会編）pp. 313-315　朝倉書店，東京．

斎藤哲夫・松本義明・平嶋義宏・久野英二・中島敏夫（1986）『新応用昆虫学』朝倉書店，東京．

Sakagami, S.F. (1959) Some interspecific relations between Japanese and European honey bees. Journal of Animal Ecology, 28: 58-61.

佐々木正己（1999）『ニホンミツバチ』　海游舎，東京．

笹本馨（1959）水稲ケイ酸と害虫　Ⅶ．水ガラス・鉱さい施用水稲に対するニカメイチュウの加害と摂食行動．日本応用動物昆虫学会誌，3: 153-156.

Sato, S. (2001) Ecology of Ladybirds: Factors Influencing Their Survival. PhD thesis, University of East Anglia, UK.

佐藤哲（2003）環境保護と開発の両立・地域住民と科学：東アフリカ・マラウィ湖の事例とWWFジャパンの活動から．『自然保護をめぐる科学性と社会性』（菊地直樹・池田啓編）pp. 3-17　姫路工業大学自然・環境科学研究所田園生態保全管理研究部門／兵庫県立コウノトリの郷公園，豊岡．

沢田裕一（1996）東南アジアにおけるトビイロウンカの動態特性．『昆虫個体群生態学の展開』（久野英二編）pp. 11-29　京都大学学術出版会，京都．

Schmitz, O.J. and Suttle, K.B. (2001) Effects of top predator species on direct and indirect interactions in a food web. Ecology, 82: 2072-2081.

関口昭良（1996）有機農業の実態調査と実証研究．『環境保全型農業とはなにか』（熊澤喜久雄監修）pp. 175-209　農林統計協会，東京．

Shea, K. and Chesson, P. (2002) Community ecology theory as a framework for biological invasions. Trends in Ecology and Evolution, 17: 170-176.

Sherley, G.(ed.) (2000) Invasive species in the Pacific: a technical review and draft regional strategy. The South Pacific Regional Environment Programme, Apia, Samoa.

柴田叡弌・日野輝明（2009）『大台ヶ原の自然史：森の中のシカをめぐる生物間相互作用』東海大学出版会，東京．

柴田叡弌・富樫一巳（2006）『樹の中の虫の不思議な生活：穿孔性昆虫研究への招待』東海大学出版会，東京．

清水善和（1998）『小笠原自然年代記』　岩波書店，東京．

Shimoda, T. and Takabayashi, J. (2001) Response of *Oligota kashmirica benefica*, a specialist insect predator of spider mites, to volatiles from prey-infested leaves under both laboratory and field conditions. Entomologia Experimentalis et Applicata, 101: 41-47.

森林総合研究所関西支所（2007）『ナラ枯れの被害をどう減らすか：里山林を守るために』森林総合研究所関西支所，京都．

塩尻かおり・高林純示（2003）キャベツ畑でくり広げられる複雑な生物種間相互作用ネットワーク．蛋白質 核酸 酵素，48: 1779-1785.

Shiojiri, K., Takabayashi, J., Yano, S. and Takafuji, A. (2000a) Flight response of parasitoid toward plant-herbivore complexes: a comparative study of two parasitoid-herbivore systems on cabbage plants. Applied Entomology and Zoology, 35: 87-92.

Shiojiri, K., Takabayashi, J., Yano, S. and Takafuji, A. (2000b) Herbivore-species-specific interactions between crucifer plants and parasitic wasps (Hymenoptera: Braconidae) that are mediated by infochemicals present in areas damaged by herbivores. Applied Entomology and Zoology, 35: 519-524.

Shiojiri, K., Takabayashi, J., Yano, S. and Takafuji, A. (2001) Infochemically mediated tritrophic interaction webs on cabbage plants. Population Ecology, 43: 23-29.

Shiojiri, K., Takabayashi, J., Yano, S. and Takafuji, A. (2002) Oviposition preferences of herbivores are affected by tritrophic interaction webs. Ecology Letters, 5: 186-192.

塩尻かおり・前田太郎・有村源一郎・小澤理香・下田武志・高林純示（2002）植物-植食者-天敵相互作用系における植物情報化学物質の機能．日本応用動物昆虫学会誌，46: 117-133.

Simberloff, D. and Von Holle, B. (1999) Positive interactions of nonindigenous species: invasional meltdown? Biological Invasion, 1: 21-32.

Smit, R., Bokdam, J., den Ouden J., Schot-Opschoor, H. and Schrijvers, M. (2001) Effects of introduction and exclusion of large herbivores on small rodent communities. Plant Ecology, 155: 119-127.

Snyder, W.E. and Ives, A.R. (2001) Generalist predators disrupt biological control by a specialist parasitoid. Ecology, 82: 705-716.

Snyder, W.E. and Ives, A.R. (2003) Interactions between specialist and generalist natural enemies: parasitoids, predators, and pea aphid biocontrol. Ecology, 84: 91-107.

Snyder, W.E., Chang, G.C. and Prasad, R.P. (2005) Conservation biological control: biodiversity influences the effectivness of Predators. pp. 324-343. In Barbosa, P. and Casstellanos, I. (eds.), Ecology of Predator-Prey Interactions. Oxford University Press, Oxford, UK.

Snyder, W.E., Snyder, G.B., Finke, D.L. and Straub, C.S. (2006) Predator biodiversity strengthens herbivore suppression. Ecology Letter, 9: 789-796.

Solé, R.V. and Montoya, J.M. (2001) Complexity and fragility in ecological networks. Proceedings of the Royal Society B, 268: 2039-2045.

Soulé, M., Bolger, D., Alberts, A., Wright, J., Sorice, M., and Hill, S. (1988) Reconstructed dynamics of rapid extinctions of chaparral-requiring birds in urban habitat islands. Conservation Biology, 2: 75-92.

Sousa, W.P. (1980) The responses of a community to disturbance: the importance of successional age and species life histories. Oecologia, 45: 72-81.

Srinivasan, U.T., Dunne, J.A., Harte, J. and Martinez, N.D. (2007) Response of complex food webs to realistic extinction sequences. Ecology, 88: 671-682.

Stewart, F.M. and Levin, B. R. (1973) Partitioning of resources and the outcome of interspecific competition: a model and some general considerations. American Naturalist, 107: 171-197.

Straub, C.S. and Snyder, W.E. (2006) Species identity dominates the relationship between predator biodiversity and herbivore suppression. Ecology, 87: 277-282.

Strong, D.R., Lawton, J.H. and Southwood, T.R.E. (1984) Insects on Plants: Community Patterns and Mechanisms. Blackwell, Oxford, UK.

Suominen, O., Niemela, J., and Martikainen, P. and Kojola, I. (2003) Impact of reindeer grazing on ground-dwelling Carabidae and Curculionidae assemblages in Lapland. Ecography, 26: 503-513.

鈴木晶子・長谷川雅美（1995）小笠原諸島に移入したグリーンアノールの分布のパターン及びそれに伴う在来種オガサワラトカゲの変遷：10年間の変遷．爬虫両棲類学雑誌, 16: 76-77.

鈴木正貴・水谷正一・後藤章（2001）水田水域における淡水魚の双方向移動を保証する小規模魚道の試作と実験．応用生態工学, 4: 163-177.

Suzuki, M., Miyashita, T. Kabaya, H., Ochiai, K., Asada, M. and Tange, T. (2008) Deer density affects ground-layer vegetation differently in conifer plantations and hardwood forests on the Boso Peninsula, Japan. Ecological Research, 23: 151-158.

鈴木和次郎（2007a）集水域管理．『主張する森林施業論』（森林管理研究会編）pp. 72-87 日本林業調査会，東京．

鈴木和次郎（2007b）林分施業．『主張する森林施業論』（森林管理研究会編）pp. 88-100 日本林業調査会，東京．

Swetnam, T.W., Allen, C.D. and Betancourt, J.L. (1999) Applied historical ecology: using the past to manage for the future. Ecological Applications, 9: 1189-1206.

田實秀信・吉元英樹・大迫康弘（2000）奄美におけるマツ材線虫病（松くい虫）の防除に関する研究　鹿児島県林業試験場研究報告, 5: 2-38.

高野肇（2001）固有鳥類の減少要因の解明と保護手法の解明．『小笠原森林生態系の修復・管理技術に関する研究』（農林水産技術会議事務局）pp. 26-28　農林水産技術会議，東京．

竹内郁雄（2007）複層林管理．『主張する森林施業論』（森林管理研究会編）pp. 157-165 日本林業調査会，東京．

Tamura, T. (2003) Regional assessments of prey consumption and competition by marine cetaceans in the world. pp. 143-170. In Sinclair, M. and Valdimarsson, G. (eds.), Responsible Fisheries in the Marine Ecosystem. FAO and CABI Publishing, Rome, Italy.

Tamura T, Fujise Y, Shimazaki K (1998) Diet of minke whales *Balaenoptera acutorostrata* in the northwestern part of North Pacific in summer, 1994 and 1995. Fisheries Science, 64: 71-76.

田村力（2006）ヒゲクジラ類の餌生物の特性とその変動．『海の利用と保全：野生生物との共存を目指して』（宮崎信之・青木一郎編）pp. 102-139　サイエンティスト社, 東京．

田中美江・斉藤麻衣子・大井圭志・福田秀志・柴田叡弌（2006）大台ヶ原におけるササの繁殖とネズミ類の生息状況：とくに防鹿柵の設置と関連づけて．日本林学会誌, 88: 348-353.

田中信行・深澤圭太・大津佳代・野口絵美・小池文人（2009）オガサワラにおけるアカギの根絶と在来種の再生．地球環境, 14: 73-84.

田中茂穂（2006）魚のゆりかご水田プロジェクト．『地域と生態系が蘇る水田再生』（鷲谷いづみ編）pp. 104-124　家の光協会，東京．

田中昌一（2006）『改訂管理方式（RMP）への道』鯨研叢書 No. 13, 日本鯨類研究所, 東京．

Tansky, M. (1978) Switching effect in prey-predator system. Journal of Theoretical Biology, 70: 263-271.

俵谷圭太郎（1998）菌根の機能．『根の事典』（根の事典編集委員会編）pp. 315-316　朝倉書店，東京．

Thies, C. and Tscharntke, T. (1999) Landscape structure and biological control in agroecosystems. Science, 285: 893-895.

Tilman, D. (1982) Resource Competition and Community Structure. Princeton University Press, Princeton, USA.

Tilman, D. (1999) The ecological consequences of changes in biodiversity: a search for general principles. Ecology, 80: 1455-1474.

Tilman, D., May, R.M., Lehman, C.L. and Nowak, M.A. (1994) Habitat destruction and the extinction debt. Nature, 371: 65-66.

Tilman, D., Wedin, D. and Knops, J. (1996) Productivity and sustainability influenced by biodiversity in grassland ecosystem. Nature, 379: 718-720.

Togashi, K. and Sekizuka, H. (1982) Influence of the pine wood nematode, *Bursaphelenchus lignicolus* (Nematoda: Aphelenchoididae), on longevity of its vector, *Monochamus alternatus* (Coleoptera: Cerambycidae). Applied Entomology and Zoology, 17: 160-165.

東京都小笠原支庁（2007）『平成 18 年度小笠原国立公園聟島列島植生回復調査報告書』東京都小笠原支庁，東京．

豊岡市（2006）『コウノトリと共生する水田づくり事業』豊岡市，豊岡．

豊岡市農林水産課（2006）『水田生物モニタリング報告書』豊岡市，豊岡．

Traveset, A. and Richardson, D.M. (2006) Biological invasions as disruptors of plant reproductive mutualisms. Trends in Ecology and Evolution, 21: 208-216.

Tscharntke, T., Klein, A.M., Kruess, A., Steffan-Dewenter, I. and Thies, C. (2005) Landscape perspectives on agricultural intensification and biodiversity-ecosystem service management. Ecology Letters, 8: 857-874.

蔦谷栄一（2002）林間放牧と中山間等地域対策．調査と情報，189: 3-4.

Turlings, T.C.J., Tumlinson, J.H. and Lewis, W.J. (1990) Exploitation of herbivore-induced plant odors by host-seeking parasitic wasps. Science, 250: 1251-1253.

上田明良・日野輝明・伊東宏樹（2009）ニホンジカによるミヤコザサの採食とオサムシ科甲虫の群集構造との関係．日本森林学会誌，91: 111-119.

Unno, A. (2002) Tree species preferences of insectivorous birds in a Japanese deciduous forest: the effect of different foraging techniques and seasonal change of food resources. Ornithological Science, 1: 133-142.

van Veen, F.J.F., van Holland, P.D. and Godfray, A.C.J. (2005) Stable coexistence in insect communities due to density- and trait-mediated indirect effects. Ecology, 86: 1382-1389.

van Veen, F.J.F., Morris, R.J. and Godfray, H.C.J. (2006) Apparent competition, quantitative food webs, and the structure of phytophagous insect communities. Annual Review of Entomology, 51: 187-208.

Vermeer, J.G. and Berendse, F. (1983) The relationship between nutrient availability, shoot biomass

and species richness in grassland and wetland communities. Vegetatio, 53: 121−126.
Waide, R.B., Willig, M.R., Steiner, C.F., Mittelbach, G., Gough, L., Dodson, S.I., Juday, G.P. and Parmenter, R. (1999) The relationship between productivity and species diversity. Annual Review of Ecology and Systematics, 30: 257−300.
Walters, C., Christensen, V., Martell, S. and Kitchell, J. (2005) Possible ecosystem impacts of applying MSY policies from single-species assessment. ICES Journal of Marine Science, 62: 558−568.
渡邊定元(1997)恐竜と共存して進化したミズナラ.植物の世界, 8: 74.
Wenner, A.M. and Thorp, R.W.(1994)Removal of feral honey bee (*Apis mellifera*) colonies from Santa Cruz Island. pp. 513−522. In Halverson, W.L. and G.J. Meander (eds.), The Fourth Californian Islands Symposium: Update on the Status of Resources. Santa Barbara Museum of Natural History, Santa Barbara, USA (cited in Goulson 2003)
Wiens, J.A. (1989) The Ecology of Bird Communities. Cambridge University Press, Cambridge, UK.
Williams, R.J., Berlow, E.L., Dunne, J.A., Barabási, A. and Martinez, N. (2002) Two degrees of separation in complex food webs. Proceedings of the National Academy of Sciences of the United States of America, 99: 12913−12916.
Wilson, E.O. and Peter, F.M. (1988) Biodiversity. National Academy Press, Washington, DC, USA.
Wolfe, B.E., Husband, B.C. and Klironomos, J.N. (2005) Effects of a belowground mutualism on an aboveground mutualism. Ecology Letters, 8: 218−223.
World Resources Institute (2005) Millennium Ecosystem Assessment. Ecosystems & Human Well-being: Synthesis. Island Press, Washington, DC, USA.
WSSD (World Summit on Sustainable Development) (2002) World summit on sustainable development: plan of implementation. IUCN document. 54 pp.
山田容三(2005)ゾーニングと持続可能な森林管理:カナダの新たな取り組みに触れて.森林科学, 43: 51-56.
山上明(1987)ケヤキ枯れ枝のカミキリムシ群集.『日本の昆虫群集:すみわけと多様性をめぐって』(木元新作・武田博清編)pp. 102-108　東海大学出版会,東京.
Yamanaka, T., Akama, A., Li, C. and Okabe. H. (2005) Growth, nitrogen fixation and mineral acquisition of *Alnus sieboldiana* after inoculation of Frankia together with *Gigaspora margarita* and *Pseudomonas putida*. Journal of Forest Research, 10: 21−26.
Yamashita, N., Ishida, A., Kushima, H. and Tanaka, N. (2000). Acclimation to sudden increase in light favoring an invasive over native trees in subtropical islands, Japan. Oecologia, 125: 412−419.
Yamaura, Y., Katoh, K. and Takahashi, T. (2006) Reversing habitat loss: deciduous habitat fragmentation matters to birds in a larch plantation matrix. Ecography, 29: 827−834.
山浦悠一(2004)生物多様性の保全に配慮した森林管理に向けて:ランドスケープエコロジーと階層性理論.日本林学会誌, 86: 287-297.

山崎柄根・渡辺信敬・寺山守・長谷川英祐（1991）小笠原諸島の昆虫類の現況．『第2次小笠原諸島自然環境現況調査報告書1990-1991』（東京都立大学小笠原研究委員会）pp. 197-205　東京都立大学，東京．

Yasuda, H. and Ohnuma, N. (1999) Effect of cannibalism and predation on the larval performance of two ladybird beetles. Entomolgia Experimentalis et Applicata, 93: 63-67.

Yasuda, H., Kikuchi, T., Kindlmann, P. and Sato, S. (2001) Relationship between attack and escape rates, cannibalism, and intraguild predation in larvae of two predatory ladybirds. Journal of Insect Behavior, 14: 373-384.

Yasuda, H., Evans, E.W., Kajita, Y., Urakawa, K. and Takizawa, T. (2004) Asymmetric larval interactions between introduced and indigenous ladybirds in North America. Oecologia, 141: 722-731.

安田弘法・梶田幸江・滝澤匡（2009）捕食者—餌系の種間相互作用．『生物間相互作用と害虫管理』（安田弘法・城所隆・田中幸一編）pp. 19-43　京都大学学術出版会，京都．

山村靖夫（2002）ギンネム（ギンゴウカン）．『外来種ハンドブック』（日本生態学会編）p. 206 地人書館，東京．

Yodzis, P. (2001) Must top predators be culled for the sake of fisheries? Trends in Ecology and Evolution, 16: 78-84.

横畑泰志（2005）野生生物に見られる寄生生物の保全に向けて．ワイルドライフ・フォーラム，10: 27-37.

横田岳人（2006）林床からササが消える稚樹が消える．『世界遺産をシカが喰う：シカと森の生態学』（湯本貴和・松田裕之編）pp. 125-146　文一総合出版，東京．

Yokoyama, S. and Shibata, E. (1998) The effects of sika-deer browsing on the biomass and morphology of a dwarf bamboo, *Sasa nipponica*, in Mt. Ohdaigahara, central Japan. Forest Ecology and Management, 103: 49-56.

Yokoyama 横山正（2003）窒素固定細菌．『土壌微生物生態学』（堀越孝雄・二井一禎編）pp. 61-79　朝倉書店，東京．

吉田成章（2006）研究者が取り組んだマツ枯れ防除：マツ材線虫病防除戦略の提案とその適用事例．日本林学会誌，88: 422-428.

Yoshimura, M. and Okochi, I. (2004) A decrease in endemic odonates in the Ogasawara Islands, Japan. Bulletin of FFPRI, 4: 45-51.

由井正敏（1988）『森に棲む野鳥の生態学』創文，東京．

全国森林病虫獣害防除協会編（1997）『松くい虫（マツ材線虫病）：沿革と最近の研究』全国森林病虫獣害防除協会，東京．

Zhu, Y., Chen, H., Fan, H., Wang, Y., Li, Y.,Chen, J., Fan, J.X., Yang, S., Hu, L., Leung, H., Mew, T.W., Teng, P.S., Wang, Z. and Mundt, C.C. (2000) Genetic diversity and disease control in rice. Nature 406: 718-722 .

索　引

あ行

アーバスキュラー菌根菌　50, 85
アカギ　99, 117-119
浅場，147-148, 151
安定性　29-30, 36, 94, 129-132, 142, 151, 159, 164, 170, 173, 180
アンブレラ種　129, 134-135, 138, 150, 157
一時的水域　144-145
入口規制　22-23
栄養カスケード　120, 132, 167
栄養段階　8, 11-12, 15, 17, 69, 122, 156, 163-165
エコパス　12, 14-15
餌資源　13-14, 20, 40, 42, 53, 91, 111-113, 134, 139, 157, 163
応用生態学　65, 93-94, 124
小笠原諸島，95, 98, 111, 115, 117, 119

か行

害虫管理　63-65, 67-70, 79, 87-90, 92-94
改訂管理方式　20
海洋島　97-98, 115, 117
外来種　12, 95-105, 107-110, 112, 114-128, 134, 156, 178-179
攪乱　27, 30-38, 42-44, 46, 49, 52, 61, 91, 93, 96, 102, 110, 115, 117, 126, 132-133, 160, 180
攪乱依存種　34
攪乱実験　93
河川改修　147
河川法　149
環境収容力　6-7, 17-18, 57-58
間接効果　18-19, 21, 78-80, 88-89, 178
間接相互作用　80-81, 88
　　　　── 網　80-81
完全禁漁区　23
キーストン共生促進者　49
キーストン種　166-168
キーストン植食者　44-46
機能群　155, 165
供給機能　175
狭食性捕食者　69

競争　17, 21, 24-25, 31-36, 44, 51, 52, 75-77, 88, 95, 97-104, 107, 111-113, 116-119, 121, 124, 125, 127, 132, 155, 164, 177-180
共有地の悲劇　4-5
漁獲効率　8
漁獲高　6-9
漁獲努力量　8, 22
漁獲量　2-7, 9, 12, 14, 21-26
ギルド内捕食　69-75, 79, 88-89, 91
菌根菌　34, 37, 48-51, 57, 85
グリーンアノール　116-118, 121, 122, 125, 178
群集生態学　21, 23, 26, 63, 65, 90, 93-94, 97-98, 122, 124, 126, 129, 151, 157, 160-161, 163, 170, 173, 176-177, 179-183
群集の安定性　142, 164, 170
景観レベルの複雑さ　91
経済的割引　4
形質の変化を介した間接効果　78, 80
ゲーム　5
結合度　163, 165
結実　111, 113-114
減農薬　142
合意形成　126, 150-151, 158
広食性捕食者　69, 88
広葉樹林　28, 36, 38, 42
国際捕鯨委員会　4
個体群管理　1, 20, 24, 26, 179
個体群存続可能性解析　160
固有種　98, 112, 115, 117-119, 122, 124-125, 134
混獲　2, 10
根絶　8, 57-58, 66, 96-97, 109, 123, 127, 178
根粒菌　34, 37, 48-50, 85

さ行

最小資源（要求）量 R^*　100-101, 164
再生産力　1-2, 5, 6, 9-10
最大持続収穫量　1-3
再導入　129, 134-136, 146, 149, 155
在来種　49, 95, 97-100, 102-108, 110, 112-115, 119, 120-123, 126-127, 157, 178
雑食性捕食者仮説　70-71

里地　133
里山　27, 50, 108, 132-133, 154-155
サンゴ礁　23
3種競争系　25
ジェネラリスト天敵　103-104
支持機能　173-175
自然再生　52, 56, 123-124, 129, 133-135, 147-149, 151, 157-158
自然再生推進法　133, 149
持続型農業　63, 65, 94, 177
持続可能性　2, 150, 183
湿地　78, 92, 141, 145, 147-148, 151
集水域　41-42
種間競争　8, 24-26, 30-31, 49, 98-102, 120, 126
種間相互作用　1, 5-6, 9-11, 17-18, 22, 26-65, 69-70, 72-77, 80-84, 87-94, 132, 159-160, 162-163, 166, 168, 179
宿主転換　106-108, 127
種多様性　27, 29-41, 44-46, 49, 52-55, 58-61, 131, 146, 165, 180
順応的管理　18, 20, 122-123, 129, 151
冗長性　163, 165, 176
消費型農業　94
情報化学物質　82, 84, 89
植食者　69-70, 79-85, 87, 103, 165
食物網　18-19, 94, 129, 133-134, 137, 142, 154, 157, 159, 161-169, 173, 180
食物網構造　19, 173
食物連鎖　8, 119, 122-123, 126, 135, 155, 161-162
食料・農業・農村基本法　149
針広混交林　28, 36, 38, 42
人工林　27-29, 37-40, 42, 45-47, 51, 55
針葉樹林　35-36
侵略的外来種　95, 98, 178
森林管理　27-29, 38, 41, 43-44, 46, 61, 180
森林再生　52, 55-56, 61
森林生態系　27, 43-44, 51, 58, 105
森林のゾーニング　27, 29-30, 42
水産資源管理　1
スイッチング漁獲　24-26
水田魚道　140-141, 145-146, 157
ストレス耐性種　35
スペシャリスト天敵　102-104, 126, 178
スモールワールド　168-169
生産性　27, 29-30, 33-36, 38, 41-44, 46, 49, 61, 64, 84, 141, 180
生息地破壊　160

生息場所の複雑性　91
生態系アプローチ　1, 7, 9-10, 13, 26
生態系管理　1, 9, 13, 16, 18, 20-22, 24, 27-29, 43, 55, 182
生態系機能　110, 174, 176
生態系サービス　110, 129-132, 158, 160, 162, 173-174, 176-177, 180-181
生態系モデル　1, 10-14, 18-21
生態系を考慮した漁業管理　1, 9-10, 12, 14, 20, 26
生態的抵抗性　97-98, 102, 104, 126-127
生物間相互作用　27, 29, 41-42, 44, 52, 63, 95, 98, 110, 121, 126, 173, 177-179, 181
生物群集　1, 10, 18, 21-23, 27, 29-30, 61, 90, 94-95, 97, 105, 121, 129, 131-139, 141, 148-149, 151-162, 165-166, 168-170, 176-179, 183
生物多様性　9, 11, 27-29, 37, 38, 40-43, 63, 65-66, 90, 92-97, 129-134, 142-143, 150-151, 156, 158, 160, 170
　　――の機能　92-94
　　――の操作実験　93
生物多様性国家戦略　133
設計科学　182, 183
全生態系モデル　11-14, 16, 18
相加的な効果　72
相加的な相互作用　73, 88
総合的害虫管理　64-68, 92
総合的生物多様性管理　92
総合防除　64, 66-68
送粉系　110-112, 114-115, 117, 119, 127
送粉者　110-117, 127

た行

多種動態モデル　11, 14, 16-17, 19
中型捕食動物　120, 122-123
調節機能　130, 175
直接相互作用　78, 88, 91
抵抗性　63-64, 98-99, 106-110, 127, 131, 164, 177
低投入持続型農業　63, 65, 68, 85, 87, 89, 92, 94, 177
適応度　112-113
適正密度　46-48, 56
出口規制　22
天敵　63-82, 84-85, 87-95, 97, 98-104, 122-123, 126, 131-132, 142, 178
　　――からの解放　99, 103, 122-123

天敵仮説　70, 71
冬期湛水　141-144, 157
動態平衡モデル　27, 30-37, 44-46, 49, 52-53, 55, 58, 61, 180
導入天敵　98
盗蜜　112-113
特定外来生物　96, 111, 178
土地改良法　149
トップダウン効果　90, 164, 167

な行

ナラ枯れ　27, 50-51
肉食者　69-70
二次的自然　129, 133
認識科学　182-183
農業生態系　63, 65-66, 69, 72, 89-90, 92-94, 129, 131, 177, 180-181

は行

媒介者（ベクター）　50, 104-106, 108-110, 127
ハナバチ　87, 110-116, 118, 121
バンカープラント　88
非相加的効果　72
非相加的な相互作用　73-74, 88
非標的種への影響　98
病原体　95, 98, 104-105, 108, 110-111
不確実性　10, 14, 17-20, 26, 129, 151, 155, 158
復元目標　156
腐食者　69
文化的機能　173, 175
ベースライン　152, 154
保険仮説　132
圃場整備　138, 141, 145, 155-157
捕食寄生性天敵　69, 90
捕食性天敵　66-67, 69, 77, 90
ボトムアップ効果　89-90

ま行

松枯れ　27, 50, 104-105
マツ材線虫病　98, 104-107, 109-110, 127
マツノザイセンチュウ　50, 105-110, 121, 179
見かけの競争　69, 75-77, 88, 120
見かけの相利　75
ミクスト・トロフィック・インパクト　15
水辺林　34, 37-38, 42

密度効果　2, 5, 6, 17
密度の変化を介した間接効果　78
緑の世界仮説　70
ミレニアム生態系評価　130-131, 173
無農薬　94, 141-143, 154
木材生産　28-29, 37-38, 42, 44

や行

養蜂　111-112, 115
余剰生産量モデル　16-17

ら行

乱獲　2-4, 10, 16-17, 21-23, 25-26, 160
力学系モデル　11-13, 18
林内放牧　44-46, 48
齢構成モデル　16
レッドリスト　133
連鎖絶滅　159-163, 166, 168, 170

211

著者一覧 (50音順, *は編者)

池田　啓（いけだ　ひろし）　兵庫県立大学自然・環境科学研究所・教授
専門分野：保全生物学
主著：『哺乳類の生態学』東京大学出版会（分担執筆），『週刊日本の天然記念物—動物編』（全50巻）小学館（総監修），『コウノトリがおしえてくれた』フレーベル館．

***大串　隆之**（おおぐし　たかゆき）　京都大学生態学研究センター・教授
専門分野：進化生態学，個体群生態学，群集生態学，生態系生態学，生物多様性科学
主著：『Effects of Resource Distribution on Animal-Plant Interactions』Academic Press（編著），『Ecological Communities: Plant Mediation in Indirect Interaction Webs』Cambridge University Press（編著），『Galling Arthropods and Their Associates: Ecology and Evolution』Springer（編著），『生物多様性科学のすすめ』丸善（編著），『さまざまな共生』平凡社（編著），『動物と植物の利用しあう関係』平凡社（編著），『進化生物学からせまる』[シリーズ群集生態学 2] 京都大学学術出版会（編著），『生物間のネットワークを紐とく』[シリーズ群集生態学 3] 京都大学学術出版会（編著），『生態系と群集をむすぶ』[シリーズ群集生態学 4] 京都大学学術出版会（編著），『メタ群集と空間スケール』[シリーズ群集生態学 5] 京都大学学術出版会（編著）
http://www.ecology.kyoto-u.ac.jp/~ohgushi/index.html

大河内　勇（おおこうち　いさむ）　森林総合研究所・理事
専門分野：林学・保全生態学・森林昆虫学・両生爬虫類学
主著：『わかりやすい林業研究解説シリーズ：林業地域における生物多様性保全技術』林業科学技術振興所（編著），『これからの両棲類学』（分担執筆），『外来種ハンドブック』（分担執筆）

***近藤　倫生**（こんどう　みちお）　龍谷大学理工学部・准教授，科学技術振興機構・さきがけ研究員
専門分野：理論生態学，群集生態学，進化生態学
主著：『Dynamic Food Webs: Multispecies Assemblages, Ecosystem Development, and Environmental Change』Academic Press（分担執筆），『Aquatic Food Webs: an Ecosystem Approach』Oxford University Press（分担執筆），『進化生物学からせまる』[シリーズ群集生態学 2] 京都大学学術出版会（編著），『生物間のネットワークを紐とく』[シリーズ群集生態学 3] 京都大学学術出版会（編著），『生態系と群集をむすぶ』[シリーズ群集生態学 4] 京都大学学術出版会（編著），『メタ群集と空間スケール』[シリーズ群集生態学 5] 京都大学学術出版会（編著）

椿　宜高（つばき　よしたか）　京都大学生態学研究センター・教授
専門分野：動物生態学，繁殖生態学，保全生態学
主著：『The ecology and evolutionary biology of swallowtail butterflies.』Scientific Publishers（編著），『Interlinkages between Biological Diversity and Climate Change and Advice on the Integration of Biodiversity Considerations into the Implementation of the United Nations Framework Convention on Climate Change (UNFCCC) and its Kyoto Protocol.』Convention on Biological Diversity（分担執筆），『Forests and dragonflies.』Pensoft（分担執筆），『新しい地球環境学』

古今書院（分担執筆），『トンボ博物学：行動と生態の多様性』海游舎（監訳），『昆虫ミメティックス〜昆虫の設計に学ぶ〜』エヌ・ティー・エス（分担執筆），『現代生物学入門　第6巻地球環境と保全生物学』岩波書店（分担執筆）

内藤　和明（ないとう　かずあき）　兵庫県立大学自然・環境科学研究所・講師
専門分野：景観生態学，植物生態学
主著：『自然再生：生態工学的アプローチ』ソフトサイエンス社（分担執筆）

日野　輝明（ひの　てるあき）　（独）森林総合研究所関西支所・チーム長
専門分野：群集生態学，保全生態学
主著：『鳥たちの森』東海大学出版会，『大台ヶ原の自然史：森の中のシカをめぐる生物間相互作用』東海大学出版会（編著），『世界遺産をシカが喰う：シカと森の生態学』文一総合出版（分担執筆），『アカオオハシモズの社会』京都大学学術出版会（分担執筆），『群集生態学の現在』京都大学学術出版会（分担執筆），『これからの鳥類学』裳華房（分担執筆），『鳥類生態学入門』築地書館（分担執筆），『生態学から見た北海道』北海道大学図書刊行会（分担執筆），『Biogeography and ecology of forest bird communities』SPB Academic Publishing（分担執筆），『Mutualism and community organization』Oxford University press（分担執筆）

牧野　俊一（まきの　しゅんいち）　森林総合研究所・森林昆虫研究領域長
専門分野：森林昆虫学，生物多様性科学，行動生態学
主著：『わかりやすい林業研究解説シリーズ；林業地域における生物多様性保全技術』林業科学技術振興所（分担執筆），『森林をまもる』全国森林病虫害防除協会（分担執筆），『森林環境2009　生物多様性の日本』朝日新聞出版（分担執筆）

松田　裕之（まつだ　ひろゆき）　横浜国立大学・教授
専門分野：数理生態学，環境リスク学，水産資源学
主著：『「共生」とは何か』現代書館，『環境生態学序説』共立出版，『生態リスク学入門』共立出版
http://risk.kan.ynu.ac.jp/matsuda

森　光代（もり　みつよ）　日本鯨類研究所・資源数理研究室研究員
専門分野：水産資源解析学，個体群生態学
主著：『鯨類生態学読本』生物研究社（分担執筆）

安田　弘法（やすだ　ひろのり）　山形大学農学部・教授
専門分野：群集生態学，動物生態学，応用昆虫学
主著：『群集生態学の現在』京都大学学術出版会（編著），『生態学入門』東京化学同人（分担執筆），『生物間相互作用と害虫管理』京都大学学術出版会（編著）

新たな保全と管理を考える	シリーズ群集生態学6

2009年12月31日　初版第一刷発行

編者	大　串　隆　之
	近　藤　倫　生
	椿　　　宜　高
発行者	加　藤　重　樹
発行所	京都大学学術出版会

京都市左京区吉田河原町15-9
京大会館内（606-8305）
電話　075-761-6182
FAX　075-761-6190
振替　01000-8-64677
http://www.kyoto-up.or.jp/

印刷・製本　㈱クイックス東京

ISBN978-4-87698-348-3
Printed in Japan

© T. Ohgushi, M. Kondoh, Y. Tsubaki 2009
定価はカバーに表示してあります